阿丑妈咪

吃出食材的原味营养

万名妈咪网友都点赞！

幼儿原味辅食

全攻略

林美君（阿丑妈咪）◎著

辽宁科学技术出版社

·沈阳·

健康从
均衡营养开始

　　我从事营养临床工作 30 余年，欣闻作者阿丑妈咪能以非营养专业人士的背景，获得如此精确、优质的幼儿辅食制作及营养调配之能力，其用心与努力的精神，实在令人赞叹！

　　作者以其照顾两个过敏儿的心路历程为本书出版的基础，以母爱为动力，精心研制多种天然食材的烹调方式，构思出最适合幼儿食用的食物组合，达到均衡营养、美味可口、取食方便的理想境界。

　　这是一本值得推荐的好书，内容从食物的取材、制备、烹调，到幼儿的喂食，都是作者多年来累积的智慧与经验。书中以食谱方式呈现，详述如何利用多种方便的烹调工具，将食材制作简单化，不但省时、快速，又兼具丰富营养，同时还可以带给孩子享受美食的快乐！

　　本书提供了许多完善的幼儿饮食配方，并分享了从食、衣、住、行、育、乐方面照顾过敏儿的育儿方针，方便实用，是现代父母教养宝贝、照顾孩子健康的最佳"武林秘籍"。

徐玲媚

祥和营养咨询机构开业营养师
台南市营养师公会理事

身体力行幼儿食品
"煮实"精神

　　或许有人觉得阿丑好厉害，怎么能够一边上班、进修，还可以做那么多料理，并且知道那么多食材的属性？！其实阿丑一开始也是个零厨艺的人，学习下厨，完全是为了帮助过敏体质的安安减少外食机会，避免摄取添加物。开始动手烹煮宝宝食品后，发现安安和乐乐吃得很开心，让阿丑相当有成就感。

　　不过，宝宝总有挑食、没胃口的时候，阿丑为了让他们营养均衡，开始想办法将食材做变化，善用小技巧，把他们不喜欢的材料加入他们喜欢的餐点中，借由手指食物的形式，让安安和乐乐感到好吃又好玩，而且在品尝手指食物的过程中，还能够训练宝宝的手眼协调能力，一举数得！

　　手指食物，改善了宝宝们挑食的坏习惯，也培养了他们独立自主的能力，在生活中可以玩中学，更能玩中食。宝宝吃得开心，父母就安心。

林美君（阿丑妈咪）
作者

目录
Contents

玩食篇 40

CHAPTER 03

手指食物，让孩子乐在主动进食

食谱篇 56

CHAPTER 04

新鲜食材，用心料理

水煮食谱

平底锅食谱

电炖锅食谱

小烤箱食谱

电饭锅食谱

CHAPTER 05

育儿经 158
这样做，孩子不生病

CHAPTER
01

孩子享受进食，爸妈轻松喂食

准备篇

选择当季与当地食材，再顺应时令做饮食的调整，就可以通过饮食调理，帮助宝宝达到均衡饮食及强身健体的功效。

ITEM 01

为孩子选择
最好的食材

挑选当季与当地好食材，新鲜、营养、健康

大自然孕育万物，每种果蔬有其原本的生产时令，虽然现今的农业技术极佳，可能一年四季都可以吃到原来只限定于某个季节才能吃到的果蔬，但你可知道，顺应时节，选择当季食材才是上乘之选吗？原因在于，当时的生产环境适合这种作物，此时的虫害最少，气候及环境最佳，因此才适合这种作物生长，不仅无须喷洒大量农药来减少病虫害，也可减少肥料的使用，更能保留作物本身最大量的营养素。因此，饮食上顺应大自然的生产季节来选择食材，才是最为正确又安全的做法。此外，当季食材盛产，代表供货量充足，食材不仅新鲜，价格也会较为低廉，选择当季食材不仅可以吃得健康，还可以节省银子呢！

那么，为何要选择当地食材呢？难道只是爱家乡的表现吗？你可曾想过，从外地进口或运输而来的作物，为何能经过长时间运输却不容易腐败呢？有可能是提早将作物采收下来，当然也有可能添加保鲜剂，或采用其他方法维持鲜度。长距离的运输，不仅降低果蔬中的营养素，且需要花费更多的能源及冷藏成本，最终反映到消费者身上，我们必须花更高的价钱购买这些食物。因此，阿丑建议选择当地食材，不仅容易获取、新鲜可口、营养丰富，且价钱公道，缩短食物的运输时间也更加具有健康饮食与低碳环保理念。

四季养生概念，让宝宝健康成长

健康的饮食原则其实不止于食用当季与当地食材，若能搭配养生理念，更能强健身心，让宝宝健康成长。依照老祖宗的智慧，随着四季更迭，若能依据时节食用不同果蔬，可以达到强身健体的功效。

四季养生

春天 春天是养肝的最好季节，若能养好肝脏，即可增强免疫力。那么，春天要食用哪些食物呢？"青色入肝"，深绿色食物可以有效保护肝脏机能，例如春天盛产的西蓝花、芦笋、韭菜、奇异果、空心菜、柠檬、秋葵等，都是极佳的养肝食材。

夏天 因为暑热，容易火气大，加上户外活动多，体能消耗快速，心脏负担较重，此时最宜养心，"赤色入心"，建议夏天多食用红色食物，例如夏季盛产的葡萄、火龙果、红枣、西瓜等，都是非常棒的护心食物。

秋天 因为气温及湿度的改变，容易使喉咙干燥发痒、呼吸不适，古人常说："秋燥伤肺。"中国台湾的秋天很少呈现秋高气爽，反而偏热且显得干燥，此时该如何避免气管及呼吸道问题呢？"白色主肺"，秋季盛产的白色食物，例如山药、百合、莲子、莲藕、白萝卜等，是最为健康天然的止咳润肺食材！

冬天 必须有充足的热量来抵御寒冬，不过许多人大量进补却造成身体负担，容易让负责新陈代谢及排毒的肾脏产生健康问题。冬天必须适时保养肾脏，强健排毒功能与生殖机能，除了维持正常作息外，"黑色入肾"，多食用能保护肾脏的黑色食材，例如冬季盛产的栗子、黑木耳、香菇、紫菜等，可以有效增强肾脏功能。

选择当季与当地食材，再搭配节令做饮食的调整，就可以通过饮食调理，帮助宝宝达到均衡饮食及强身健体的效用。

ITEM 02

各种食材的
挑选原则

海鲜

SEAFOOD

| 鱼类 | 头足类 | 虾类 | 贝类 |

鱼类

1 鳞片完整
鳞片完整、不容易脱落且附有黏液，表示鱼新鲜、无病害。

2 鱼鳃紧闭
鱼鳃紧闭，不容易翻开，鱼鳃里面呈现鲜红色，这样的鱼较为新鲜。如果鱼鳃呈现暗红色甚至偏灰黑色，表示鱼已经不新鲜了。

3 眼球凸起
眼球凸起，不混浊，鱼较新鲜。如果眼球凹陷，且浊白，请不要选购。

4 富有弹性
轻压鱼身，压下后会回弹，富有弹性，表示鱼较为新鲜。

头足类

1 活体为佳
尽量采买活体的墨鱼、章鱼等。

2 吸盘有黏性
若买不到活体海产，选择触角、吸盘富有黏性的为佳。

3 薄膜不易撕下
新鲜的头足类海鲜，薄膜不容易被撕下，如果很容易被撕下，表示新鲜度不佳。

4 厚度够，口感佳
肉身愈厚，口感愈佳。

虾类

1 外表有光泽
新鲜的虾类外表呈现光泽感，虾壳光亮，表示新鲜度佳。

2 虾头牢固
虾头不够牢固易与虾身分离，或是虾头变黑，表示虾的新鲜度不佳，请勿购买。

3 肉身富弹性
新鲜的虾类肉质富有弹性，如果肉质呈现软烂状态，请勿挑选或食用。

贝类

1 双壳紧闭
原则上，活的贝类若不是在吐沙，双壳会呈现紧闭状态，正在吐沙的贝类，用手指轻触，肉会立刻缩回，并合上贝壳。如果壳已开启并且发臭，表示贝类已死亡腐败，请勿购买。

2 声音结实
拿取两个贝类互相轻敲，声音结实为新鲜的活体。如果声音空洞，表示不新鲜，很可能贝类已死亡了。

肉类
MEAT

肉类

1 肉色粉嫩有光泽
挑选结实、粉嫩、富有光泽的肉品，肉的新鲜度较佳。

2 富有弹性
手指轻压，肉身富有弹性，没有黏液或异味，肉的质量较佳。

叶菜类
VEGETABLE

卷心菜

卷心菜是家家户户的常备菜品，如何挑选好吃的卷心菜，其实是有小诀窍的。挑选卷心菜的原则如下。

1 外表翠绿
首先，观察卷心菜的外观是否青翠，翠绿的卷心菜叶较为新鲜，如果存放太久，卷心菜叶会变得较白，不仅口感差，味道亦不鲜甜了。

2 底部白皙
卷心菜的底部（菜茎部分）必须呈现白皙，如果已经泛黄甚至发黑，表示卷心菜存放太久，不够新鲜。

3 轻者为佳
挑选卷心菜与水果最大的不同点是，相同大小的卷心菜，必须选择重量较轻的，过于扎实的卷心菜，吃起来口感不够清脆可口。

4 轻抠菜梗
要挑选好吃的卷心菜，可以用指甲轻压一下菜茎部分，如果指甲抠下去有"啵"的一声，表示卷心菜清脆可口，如果压下去没有清脆声响，菜茎显得过软或带有韧性，表示卷心菜不够爽口、鲜甜。

5 叶片蓬松
上图中平头的卷心菜过于扎实紧密，另一个尖头卷心菜较为蓬松，两个比较起来，蓬松的会比较好吃。卷心菜要有生长空间，太紧密就会影响口感，显得过硬喔！

TIPS

尖头卷心菜一定是高山卷心菜吗？

这可不一定喔！已经有平地种植的"尖头"卷心菜品种，所以不要迷信，以为挑选尖头的就一定好吃。

根茎类
ROOT

洋葱

1 外观完整
洋葱表面光滑、干燥，不要有损伤或挤压痕迹，才不会容易腐烂。

2 饱满坚硬
用手轻轻按压，如果洋葱摸起来偏软，可能已经发霉软烂，建议不要挑选。

3 重者为佳
差不多大小的洋葱，建议选择重量较重的，表示水分含量充足，甜度通常也较高。

4 尖头扎实
洋葱尖头部位要干燥，并且要选择收口扎实的，例如照片中两个洋葱，要选择右方那一个，收口扎实表示洋葱较为成熟，甜度较高，不易发芽，也比较耐保存。

收口部位不够扎实紧密，代表洋葱不够成熟，不易久放，甜度也不够，建议不要挑选。洋葱买回家之后，不要放入冰箱，放在室温中即可，而且千万不要放在塑料袋中，这样才能保持新鲜、不腐烂。

马铃薯

1 外观椭圆
尽量挑选外观饱满且完整的马铃薯，椭圆或圆形马铃薯质量较优良，避免选择不规则状的马铃薯。

2 没有发芽
发芽的马铃薯含有龙葵素，吃了会引发恶心、呕吐、腹泻等中毒症状，因此要避免买到已发芽的马铃薯。

3 表皮泛青勿选购
马铃薯的表皮如果呈现青色，请不要选购，亦不要食用，以免龙葵素中毒。

鸡蛋
EGG

鸡蛋

1 表面粗糙

去市场买鸡蛋，阿丑妈妈从小就被交代要挑选表面粗糙的。由于阿丑的外婆在台南乡下养鸡多达数十年，看过太多鸡蛋了，表面粗糙、气孔明显的蛋，是新鲜的保证；如果蛋壳光滑，表示鸡蛋已经保存一段时间，新鲜度不足。不过若是洗过的鸡蛋就看不出来喽！洗过的鸡蛋只好挑选保质期较长或生产日期较近的为佳。

2 蛋壳完整

蛋壳若有裂痕，细菌或病毒会污染鸡蛋，无论鸡蛋多么新鲜，只要被污染，就有致病的危险，千万要仔细观察蛋壳有无裂痕。

3 蛋壳厚实

新鲜又健康的鸡蛋，蛋壳厚实，蛋壳太薄（有点儿透明）的鸡蛋，有可能母鸡的健康状况不佳或年纪老迈。

4 中小型佳

年纪愈大的母鸡，产道愈宽，产下的鸡蛋愈大，但因为年纪老迈，有可能健康状况不佳，因此选择中小型鸡蛋比较安全又健康。

5 晃动无声

用手轻摇鸡蛋，有水声的表示蛋已不新鲜，新鲜的鸡蛋显得紧实，摇晃起来没有声音。

6 重者为佳

鸡蛋放太久，水分会从气孔蒸发，因此，相同大小的鸡蛋，重量越重的，表示越新鲜。这也就是为什么有人会将鸡蛋放在水中测试：沉在水底的是新鲜鸡蛋；较不新鲜的鸡蛋则会倾斜或笔直立在水中（钝端朝上）；若浮在水面上，很可能是"坏蛋"。

煮鸡蛋时，打破蛋壳，蛋黄呈现完整、不破裂，钝端气室小，表示新鲜度佳。鸡蛋若有白稠状的物体，那是固定蛋黄不致破裂的卵系带，表明鸡蛋很新鲜。

关于鸡蛋的问与答

清洗选蛋的步骤有哪些?

清洗选蛋是否较好至今仍有不同意见和看法，完整清选过程应该包括以下步骤:

step 1	step 2	step 3	step 4	step 5	step 6
外观检查	清洗	风干	封蜡	筛选	重量分级

※ 清洗过程中如果设备不完善，甚至采用人工清洗，鸡蛋反而容易受到污染。

红蛋好还是白蛋好?

很多消费者认为红蛋营养价值较白蛋高，其实不然! 红蛋、白蛋或其他颜色的蛋，差别在于鸡种不同或色素关系，因而产下不同颜色的蛋，基本上鸡蛋营养价值并无太大差别，除非是饲养鸡所用的饲料不同，才可能提高蛋的营养成分，否则的话，阿丑还是会买最便宜的白蛋。

鸡蛋处理和保存方法

如果是购买未经清洗的鸡蛋，回家后建议不要用水洗，毕竟家里无专业清洗设备，预防鸡蛋因潮湿而让病菌从蛋壳表面气孔渗入鸡蛋里。

直接钝端朝上放进冰箱中保存，因气室存于钝端，钝端朝上，可以避免气室中的空气影响鸡蛋的新鲜度。

在烹煮前，记得用清水将鸡蛋表面洗净，预防打开蛋壳时表面细菌污染鸡蛋。

水果
FRUIT

凤梨

1 依季节挑选
台湾地区的凤梨种类繁多，各类凤梨盛产期不同，若能按照凤梨种类的产季来挑选，比较能够吃到当季鲜甜的凤梨。而且天气状况亦会影响凤梨甜度，如果产地连续下雨，凤梨的甜度会大打折扣。

2 金黄带绿
凤梨的果皮呈现金黄色略带绿色，外表愈黄的表示熟度愈高，也有可能放得太久导致。过熟的凤梨发酵、变酸，因此，挑选时选黄中带绿者为佳。

3 尾部鲜绿
凤梨的尾端（叶片部分）呈现鲜绿色才是新鲜的。

4 矮胖为佳
果实短小、矮胖，质量较优良，而且甜度分布较为均匀。

5 表皮完整
整个完整无外伤、果皮的小果锥大而明显，才是质量优良的凤梨。

6 底部凸起
底部明显凸起、无汁液流出，才是新鲜的凤梨。

7 重者为佳
相同大小，记得选择较重者，较重者才是汁多饱满的凤梨。

8 香气芬芳
购买时，记得闻闻凤梨的味道，新鲜成熟的凤梨会散发自然果香味，如果有酸味，请不要购买。

9 听声音
轻弹凤梨，富有弹性，像是打在肌肉上的声音，这样的质量较佳。

柠檬

1 绿中带黄

成熟的柠檬绿中带黄，挑选绿中带黄的柠檬必须注意蒂头是绿色的，才能确保是新鲜的，而不是采下后久放才变成的绿中带黄。

2 表皮光亮

新鲜的柠檬表皮光亮，如果放久了，表皮光亮即会慢慢消失，所以挑选时，要选择表皮光亮的。

3 重者为佳

差不多大小的柠檬，重量较重者才会汁多饱满。

4 富有弹性

用手轻压，新鲜的柠檬富有弹性，若不新鲜，就会显得干瘪无弹性。柠檬买回家后，请用塑料袋装好，放进冰箱保存，才能确保新鲜。当然，尽快食用是最好的！一般而言，无籽柠檬外皮会比一般柠檬薄。

青枣

青枣富含维生素C，热量又低，是养颜美容的佳品，大量上市时，家家户户应该都会买上一些作为饭后水果，但是要怎么挑选好吃鲜甜的枣子，可是有诀窍的。

1 饱满光亮

表皮完整、具光泽，饱满、没有发皱，才是新鲜的枣子。

2 绿中带白

可别跟阿丑以前一样，以为枣子深绿代表新鲜现采，滋味一定鲜甜，白色是放太久才会褪掉绿色。不！不！不！挑选枣子一定要选择白一点的，绿中带白才是鲜甜的保证。

有一个挑选口诀：淡绿有光，甜又香；深绿无泽，苦又涩；黄褐、乳黄则发糖无味。大家可以记下来。

3 重者为佳

差不多大小的枣子，要挑选重量较重的，尝起来较具有水分。记得枣子买回家后，如果没有立刻吃完，要放冰箱保存，放2～3天，吃起来味道会更甜美。此外，提醒不要空腹食用，避免伤胃。

怎么挑选好吃的莲雾又是一门学问喔！选购莲雾有一个口诀："黑透红、肚脐开、皮嫩嫩、粒头饱，保证吃完笑呵呵！"

莲雾

1 黑透红
莲雾的果皮深红是甜度的最佳保证，市场老板说重点是要看底部的颜色，愈深红表示甜度愈高，如果还有白白的颜色，千万不要选。

2 肚脐开
莲雾底部的"肚脐眼"愈开，表示成熟度愈高，吃起来当然也就愈鲜甜。

3 外观光滑
莲雾外观必须完整、光滑、细致、无斑点或粉状物，轻压莲雾要够硬，过软表示放太久，已经不新鲜了。

4 粒饱满
个头饱满、沉重结实的莲雾，吃起来才会水分充足，脆甜爽口。

面对整车或整篮的橙子，要怎么样挑选出多汁、鲜甜的橙子呢？

橙子

1 腰围适中
身形饱满、大小适中的橙子较为香甜多汁，太小的橙子营养不良，太大的橙子肉质粗糙、口感不佳。据统计，腰围（指的是圆周）23cm 的橙子质量最优，是橙子界的"林志玲"。

2 果皮金黄
黄澄澄的果皮代表橙子已经成熟，尝起来滋味鲜甜。如果果皮呈现青绿色，表示成熟度不足，会显得较为青涩，带有酸味。像图中的两个橙子，一绿一黄，记得要挑黄澄澄的那一个。

4 富有弹性
用手指轻压橙子，富有弹性者为佳，不可过软或干瘪。

TIPS

有圆形印迹的橙子较甜吗？

另有传言挑选橙子必须选择底部有一圆形印迹的，实际上并无根据，圆形印迹只是橙子果所产生的纹路而已，不代表一定会鲜甜多汁哦！橙子买回家后，请记得将塑料袋打开，放于通风处即可，避免闷住发霉。

3 重者为佳
差不多大小的橙子，建议选择重量较重的，表示水分含量充足，甜度通常也较高。

ITEM 03

正确的食材清洗步骤，
让孩子吃得健康又安心

玉米
CORN

玉米

玉米味道鲜甜，有丰富的蛋白质、维生素与矿物质，并且含有膳食纤维，营养价值极高。然而农药下得重，导致妈妈们不敢轻易买给家人及宝宝们吃。教大家 4 个步骤，轻松与农药说拜拜！

1 冲

先用清水冲洗，将农药做基本清除。

2 泡

将玉米泡于清水中，让农药溶在水中。若担心玉米将农药吸回，持续开小量的流水冲泡 5 ~ 10 分钟即可。

3 刷

由于玉米表面凹凸不平，一定要用软毛刷子轻轻刷洗表面才干净。

4 烫

正式煮玉米之前，建议先用滚水烫过 2 分钟，将玉米芯的农药去除。烫过玉米的水请倒掉，若要煮玉米汤，再准备另一锅干净的水，下锅煮汤品。

卷心菜
CABBAGE

卷心菜

卷心菜是每个家庭的常见菜品，不仅清脆可口还营养满分，但是卷心菜的农药不少，如何清洗卷心菜成为一门学问。只要记住5字诀，剥、削、冲、泡、刷，就可以将卷心菜清洗干净。

1 剥

卷心菜外叶是最易残留农药的，外叶部分还是剥除2～3片菜叶为佳，千万不要觉得可惜。

2 削

卷心菜底部的茎部容易残留农药，在下水清洗之前，建议先将茎部削除。

3 冲

用大量清水冲洗卷心菜，将农药做最基本的清除。虽然有专家建议先泡水再冲洗，但阿丑个人认为直接浸泡，反而容易由菜的切口将农药吸入。因此，阿丑建议先用清水将农药做基本冲洗后，再进行浸泡。

4 泡

用清水浸泡10分钟即可，切勿过长，以免养分流失。如果真的担心农药又吸回菜叶中，可以不关水龙头，用小量流动的水冲泡。

5 刷

用海绵刷轻轻刷洗每一片菜叶，做最后的清洁。简单易学的5个步骤，剥、削、冲、泡、刷，让全家人吃得安心。

叶菜类
VEGETABLE

菠菜

每个人每天都应该摄取蔬菜，但你知道怎么清洗，才能杜绝农药毒害吗？简单 4 个步骤，轻松和农药说拜拜！

1 切除根部

叶菜类的根部容易有农药残留，一定要先把根部切除，从 1cm 左右的地方切掉整个根部。

2 逐叶清洗

阿丑的妈妈从小教阿丑青菜一定要一片一片清洗才干净。的确如此，大家应该都看过外面餐厅洗菜方式，一大堆青菜直接泡水，不可能一片一片洗净。既然是自家开伙，一定要让全家吃到健康、卫生的餐点，逐叶清洗虽然费工、费时，但保证能洗得干干净净。

清洗的同时，在凹陷处若有脏污，可以搭配软毛刷协助清洗。

TIPS

简单的 4 个步骤，让全家吃到干净又卫生的青菜。全部清洗好，要煮时再切段，避免营养流失。

3 浸泡清水

青菜浸泡约 5 分钟即可取出，让残余的农药能溶于水中。建议整株浸泡，请勿切小段再浸泡，避免养分快速流失，且农药易从蔬菜切口吸进去，反而更不利于健康。

4 再次冲净

用清水再将青菜冲洗一遍即可。

青椒
GREEN PEPPER

青椒

青椒、甜椒的营养价值高，富含丰富的维生素 C，是非常棒的抗氧化、抗过敏食材。然而因栽植不易，容易受虫害，所以相对农药喷洒较重。

正确清洗方法是，先去蒂，再冲洗！

因为椒类的特殊造型，让农药容易沉积在蒂头部位，因此，一定要先把蒂头择除，才不会越洗越毒。青椒的蒂头非常好择除，只要轻轻向下挤压，就可以轻松将蒂头及内部的青椒籽一起去掉了。

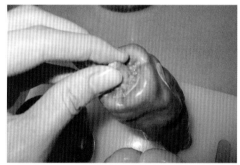

TIPS

黄甜椒、红甜椒因果肉较厚实，可以选择用上述方式（再多用点力），或是用小刀帮助切除蒂头。蒂头清除后，再用清水冲洗干净，才不至于将农药洗进甜椒内部。

西蓝花
BROCCOLI

西蓝花

众所周知，西蓝花抗癌，但容易长菜虫，因而农药会相对比较多 [除非是网室（防虫网）或有机栽植，但也不能保证完全没有药物]，如果错误清洗，吃了反而伤害身体。清洗西蓝花的 5 字诀: 冲、泡、切、削、挑!

1 冲

使用大量清水冲洗西蓝花，将农药做基本的清除。不可以先将西蓝花切开，否则西蓝花的切面会将农药吸入，反而吃到更多农药。大家参考芹菜维管束实验，芹菜泡在红墨水中，会把红墨水吸进植物体内。同样的道理，西蓝花如果先切块泡水，没有事先经过流水去除农药，反而吃了更不利于身体健康。

2 泡

一样不切开西蓝花，直接泡水 5 ~ 10 分钟，将花的部位朝下压入水中（不然会浮起来），菜虫会渐渐浮出水面。不先切开的原因在于避免蔬菜经过水分浸泡而流失养分。

3 切

将西蓝花切成适量大小。

4 削

阿丑习惯用刨刀削皮，快速又安全。

5 挑

在削皮的同时，可观察到已经成蛹的菜虫，因为吐丝的关系，附着在梗上，无法经由泡水而清除干净。阿丑教你一招，可以用牙签挑起，再用清水冲净，做最后的清洁工作。

TIPS

水沸腾后放入西蓝花焯约 3 分钟，可以吃到非常鲜甜的西蓝花，超级美味！焯好后也可以加入适量的油脂拌匀，这样脂溶性维生素会更利于人体吸收。

ITEM 04

油品选择的
重要性

宝宝便秘的原因很可能是由于油脂的摄取量不足

或许有人会纳闷，为什么宝宝的饮食需要添加油脂？不是吃天然食材就可以了吗？其实，当宝宝进入辅食阶段，油脂的摄取变得相当重要！许多宝宝开始食用辅食，父母会大量添加水果、蔬菜类食物，却发现宝宝仍有便秘的情况。到底为什么呢？事实上，1岁以下的宝宝以奶类为主食，来自奶类的水分照理说已经相当充足，所以可以排除因水分不足所引发的便秘情况。真正便秘的原因很可能来自宝宝对于油脂的摄取量不足。很多父母担心油脂会造成宝贝的肠胃负担，因此尽量避免提供含有油分的食物。然而油脂具有润滑胃肠道的功用，缺乏适量的油脂，无法滋润肠胃，过多的非水溶性膳食纤维累积在胃肠道中，最终会导致排便困难，造成宝宝不适。尤其喝配方奶的宝宝，更容易出现便秘情况，这是因为配方奶的铁质含量比母乳高，丰富的铁质会导致大便偏硬，加上婴幼儿的胃肠道比较无法完全吸收配方奶，残留物自然会比喝母乳的宝宝更多，因此，更需注意预防便秘情形发生。

6个月以上开始食用辅食的宝宝，油脂的来源除了天然的肉品外，还可以选择直接添加少量的油品，例如橄榄油、亚麻籽油、米糠油、葡萄籽油等健康油品。

制作辅食时，必须慎选好的油品

无论是制作辅食或手指食物，油品的选择都非常重要。尤其食谱中常见的奶油，更是必须慎选才行！很多人误以为植物性奶油比动物性奶油更健康，事实上恰好相反。植物性奶油是所谓的人造奶油，将液态植物油氢化后，才能调和成固态的奶油，会产生反式脂肪，而且通常会添加人工色素和香料，以增添奶香味。动物性奶油反而是天然的奶油，是由牛奶中提炼出来的，反式脂肪含量少，更天然健康。

制作手指食物若需使用油品，建议1岁以上的宝宝再食用奶油制品，1岁以下请用液态植物油代替。阿丑习惯用米糠油来制作高温烘焙的点心。所谓米糠油就是糙米油，是从糙米中提炼出来的，营养丰富且自然健康，很适合用来烘焙宝宝食品。

ITEM 05

家中常用的
烹饪器具

运用家中常备厨具，就可以做出一道道香气诱人、健康美味且营养满分的宝宝食谱。以下是阿丑家的常备厨具。

❶ 平底锅

建议选用不锈钢平底锅，虽然不粘锅在使用上似乎比较方便，但是会有涂层不良的风险，为了宝宝的健康，还是选择食品级不锈钢器具较为安心。建议选择附有透明玻璃锅盖的平底锅，这样一来，在烹煮过程中不需要一直打开锅盖就可以清楚看到锅中食物的变化，尤其做蛋糕时，尽量不要重复开锅，避免失败。

❷ 电炖锅

电炖锅除了可以用来蒸煮食物外，更有鲜为人知的烘烤作用，只要正确掌握方法，就可以烤出香酥饼干或美味蛋糕。没有烤箱的朋友，一样能享受到烘焙点心的美妙滋味哟！

❸ 小烤箱

小烤箱的加热时间短，烘烤时程快，比大烤箱更为方便、快速，虽然不能调整温度，但运用得宜的话，一样可以做出超级美味又漂亮的点心。

❹ 搅拌棒

制作宝宝的餐点，建议购买手持搅拌棒，不仅容易收纳，而且可以搅打少量的食材。果汁机的容量较大，食材若过少，不容易搅打成功，因此，建议买搅拌棒，一来可以搅打食物泥或宝宝粥，二来可以制作各式餐点，非常方便喔！

⑤ 果蔬切碎器

　　比较硬质的食材，建议使用果蔬切碎器来搅打，避免损耗搅拌棒。有的搅拌棒会附送果蔬切碎器，建议可以多加比较。

⑥ 电动打蛋器

　　如果要制作蛋糕或酥脆的饼干，一定要有电动打蛋器才能省时省力，不然徒手打发蛋白会非常辛苦，也容易失败。有的搅拌棒会附送打蛋器，一样可以用来打发蛋白，制作出美味的糕点。

⑦ 不锈钢打蛋盆

　　不锈钢打蛋盆圆弧底部的特殊设计，适合用来打蛋或是拌匀材料时使用，顶部宽口操作起来才便利，而底部无棱角，食材才不会卡在接缝中，造成搅拌不均的状况。

⑧ 刮刀

　　制作蛋糕时，一定要有刮刀，才能均匀、快速地将面糊拌匀。刮刀前端柔软、特殊的设计，无法用汤匙、饭勺等物品加以替代喔！

⑨ 筛网

　　制作蛋糕或饼干时，面粉常需要过筛，因此，一定要准备一个密度小一些的筛网，才能成功制作出细腻的点心。

CHAPTER

02

养成良好的饮食习惯，让孩子健康成长

观念篇

好的饮食习惯让父母心情舒畅，坏的饮食习惯让父母非常忙乱！一旦养成良好的饮食习惯，更能成功培养孩子的自律行为。当然，父母必须以身作则，拥有正确的示范与教导，才能成功带领孩子养成良好的饮食习惯。

ITEM 01

"原"来
很好吃！

杜绝错误的饮食习惯与固有想法，让孩子不偏食

很多父母可能不知道，当还在母腹中时，胎儿就已经发展出了味觉反应。母亲怀孕约 4 个月时，宝宝的味蕾已发育完全，刚出生的婴儿对于酸甜苦咸都能清楚表态，与成人的反应无异。

婴幼儿的味蕾比成人的分布更为广泛，因此，对于味道的反应会更加敏感丰富，这项与生俱来的能力是宝宝保护自己的最佳利器。然而，有些成人误以为需要添加葡萄糖，才能训练宝宝喝水，抑或按照自己的口味喜好烹煮食材，加入调味料以增添风味，认为如此烹调，宝宝才会愿意开口品尝食物。这些错误的饮食习惯与奇怪观点，常会造成宝宝饮食上的口味偏好，一旦让婴幼儿口味加重，得花上数倍时间调整，甚至难以恢复原本单纯的口感与味蕾，而且对于宝宝健康而言，影响更是巨大。

透过多元食材训练孩子的味觉

味觉是与生俱来的，然而口味偏好却是父母给予的。在婴幼儿开始进入辅食阶段后，应该提供"原味"，而非调味食物，不能用成人的标准去思考："没有加盐怎么吃得下去？""这种食物一点也吸引不了我。"请记住，宝宝的味蕾尚未经过磨炼，应保有最为纯真的体验，此时此刻最该提供给他们天然食材，完整呈现食物的原始风味，根本不需要添加任何调味料，如此才能建立宝宝对于食物的单纯喜好。味觉的训练乃是透过多元食材来让宝宝感受不同味道，而非经由特殊调味来造成宝宝味觉偏差。

越单纯、越简单的饮食方式，越可以丰富宝宝的味觉，并且可以加强他们对于天然食材的接受度，对宝宝健康更是有所助益。父母必须先建立正确观念，让宝宝从小体验到："原味，原来很好吃喔！"

ITEM 02

保留食材养分，
精简烹调的要点

每个父母都希望宝宝所吃下肚的食物具有丰富的营养素，很可惜的是，天然食材经过清洗、去皮、切块、烹调等过程，养分会随之流失。那么，要怎样做才能保留食材中绝大多数的营养素呢？只要掌握正确清洗、即切即煮、快速烹调、当餐食用这四大关键原则，就能保留住食材中大部分的营养素。

正确清洗，保留食材营养

每一种蔬果有不同的清洗步骤，需要根据形状、用药方法来加以处理。食材清洗方式可以参考本书准备篇中的食材清洗章节。很多父母由于担心果蔬残留农药，清洗时将浸泡时间拉长，或是将果蔬切块后再进行清洗，如此一来，反而容易让食材中的水溶性维生素等营养快速流失，非常可惜！掌握正确的清洗方式，便能有效去除农药，也能保留食材中的营养。

即切即煮，缩短食材处理时间

清洗完毕的食材，切块或切段后，建议立即烹调，因为果蔬的切面接触空气后会氧化，营养素随之流失，所以必须缩短食材处理时间，趁早烹调，才能保留绝大部分的营养。此外，

在适口范围内，食材尽量切大块一点，比较能够减少空气接触面积，如此一来，亦能减少营养流失。

快速烹调，低温、快煮、水量少

最大限度保留食材营养素的烹调秘诀在于低温、快煮、水量少！高温烹调容易造成食材养分尽失，甚至变质，不仅影响美味，更可能有害健康。有些父母采用氽烫方式料理食物，但水量过多、烹调太久，都会让食材中的营养流失。正确的烹调方法必须根据食材内容加以改变，例如海鲜、肉类、根茎类，务必煮到全熟；而叶菜类仅用少量水烹煮，避免养分流失；即使叶菜类不需久煮，仍需确认煮熟，以免将细菌吃下肚，造成身体不适。很多妈妈想说蔬果经过烹调会造成营养流失，那不如改吃生菜如何？阿丑不建议生食，尤其宝宝肠胃脆弱，为了避免造成身体不适，一定要经过烹煮再食用。

当餐食用，新鲜又美味

少量烹煮、当餐食用，才能够确保食物新鲜可口又营养丰富。煮熟的食物请尽早食用完毕，以免久放营养流失，而且影响口感，甚至变质，不但没将营养素吃下肚，反而有害健康。

掌握以上四大原则，就可以保留食材中绝大部分的营养，让宝宝吃下肚的每一口食物，不仅充满父母的爱，更有满满的营养与成长动力喔！

ITEM 03

改变，从养成良好的
用餐习惯开始

俗话说，"民以食为天"。显然人们非常重视饮食，尤其宝宝年龄小，父母唯恐宝宝营养不均、摄取不足，吃饭时不乏见到父母追着孩子跑的景象。相信每个父母不只希望宝宝能够吃得好、吃得饱，还能养成良好的用餐习惯。拥有好的饮食态度，可以帮助宝宝均衡饮食，不仅有益身体健康，父母也能轻松同食。

培养宝宝良好用餐习惯，有以下几点原则

培养定时用餐

固定的用餐时间，能够建立宝宝正常的饮食作息，也能让宝宝生活规律。请记住，正餐前 2 小时起，不要再提供宝宝任何的零食、奶类、水果或含糖饮料。要让宝宝肠胃有正常消化时间，只有产生饥饿的感受，宝宝才会愿意大口吃下父母所用心准备的餐点。此外，建议限定宝宝用餐时段，最好能于 30 ~ 40 分钟内食用完毕。一来保护牙齿健康，避免食物在口腔内停留太久，增加蛀牙概率；二来让宝宝学会认真、专注于饮食，避免拖长用餐时间。如果宝宝贪玩、不专心吃饭，时间一到，父母就应该收起食物，直到下一餐前，都不再提供任何

饮食，让宝宝理解珍惜食物以及遵守用餐规则的重要性。

固定饮食分量

定量饮食对于宝宝而言非常重要，可以从小让他们培养自律能力，避免挑食或者出现暴饮暴食行为。当然，饮食分量需视宝宝身体状况做调整，如果感冒身体不适，不需要严格要求宝宝一定要全数吃光。

特定进食地点

固定的用餐环境可以让宝宝了解到此时此刻是吃饭时间，而特定的用餐座椅，除了让宝宝有归属感外，还能够训练宝宝拥有良好的餐桌礼仪。

营造温馨气氛

　　舒服温馨的用餐氛围有助于宝宝快乐进食。吃饭时，建议全家人同桌共进餐点，让宝宝理解自己也是家中的重要一分子，可以参与全家人的用餐时段。此外，可以播放轻音乐，全家大小能彼此分享、快乐进食，千万不要让宝宝边看电视边用餐。过程中，即使宝宝捣蛋或挑食，父母也要尽量避免高声责骂，先试着缓和自己的情绪，用温和而坚定的语气，告诉宝宝正确的行为方式与用餐礼仪。唯有营造开心温暖的用餐气氛，才有助于宝宝开心享用餐点。

练习自主进食

　　让宝宝自行练习动手吃饭是训练良好用餐习惯的必经过程，千万不要害怕弄脏桌椅或地板，一旦宝宝学会自主进食，获得成就感后，更能开心投入用餐情境中，也更能遵守大人所约定的用餐礼仪。

　　好的用餐习惯让父母心情舒畅，坏的用餐习惯让父母非常忙乱！一旦养成良好的用餐习惯，更能成功培养孩子的自律行为。当然，父母必须以身作则，拥有正确的示范与教导，才能成功带领孩子学习良好的用餐习惯。

ITEM 04

不放添加物，
断绝孩子过敏原，打造好体质

为什么阿丑一直强调自己动手做食物给宝宝吃呢？市面上的婴幼儿食品种类繁多，对忙碌的父母而言容易购得，何不直接让宝宝享用现成的辅食呢？试想，这样的做法与大人天天叫外卖无异，对于幼小的宝宝而言，健康堪忧。

严选食材，确保新鲜

购买现成的婴幼儿食品虽然简便，但是成品的原材料来源实在难以掌控，许多号称有机的产品，是否真如字面上的宣传语，让人无从判断。姑且不论食材栽种或养殖方法，光讲清洗、烹调、包装、冷藏等过程，是否足以让人安心，值得你我深思。自己烹煮宝宝辅食虽然得花时间，却能掌握食材来源与新鲜度，并且自己清洗会更加用心与仔细。唯有自己动手做，从挑选食材开始，严选应季盛产食材，逐步清洗蔬果，正确烹调与保存，才能真正让宝贝享用到最天然、最有益的宝宝食品喔！

拒绝添加，健康无虞

市面上的产品为了存放需求以及符合大多数人的口味，难免会使用人工添加剂，例如香精、色素、甜味剂、防腐剂或膨松剂等。如果你仔细看过成分说明，连宝宝常吃的米饼，钠含量都有超高的风险，甚至会加入一些看不懂的成分。自己动手制作宝宝食物，可以确保零添加，拒绝一切会对健康产生风险的调味剂及成分。全数采用天然食材，安全看得见，更能确保婴幼儿健康无虞。

降低过敏，强化体质

如同此书育儿经中谈论到的过敏原因，食品添加物是导致宝宝身体过敏的原因之一，想要拒绝过敏，就从自己动手制作宝宝食品开始，让身体享用最天然、无负担的食物，降低接触过敏原的机会，如此才能奠定强健体质的基础。

拒绝多余添加剂，享受食物真原味，让宝宝吃得天然且吃出健康好体质，从吃对食物开始。

避免孩子便秘 **超简单!**

　　宝宝开始吃辅食后,有些父母可能会面临宝宝便秘的情况,阿丑也不例外。如果不是因为疾病或服用药物等因素导致的便秘,父母可以从改变生活习惯或调整日常饮食来协助宝宝正常排便。如果大人未能及时给予协助,想必宝宝一定非常不舒服,便秘甚至还会导致肛门出现撕裂伤。

到底有哪些因素会造成宝宝便秘?
可以归纳出以下 **4** 点原因。

1. 饮水不足

当宝宝进入辅食阶段,奶量需求相对减少,此时宝宝如果出现干便情况,表示饮水不足,需要适时补充水分。如同本书育儿经中提到的,水分的给予少量、分次为佳。父母平时必须仔细观察宝宝粪便是否太过干硬,如果饮水不足,就会导致干便,造成排便困难。夏天排汗多,比较容易记得喝水。但是冬天寒冷,通常不觉得口渴,适量补充水分,有助于宝宝正常排便。

2. 油脂缺乏

刚踏入辅食阶段的宝贝,常会因为饮食太过清淡、缺乏油脂而导致便秘。犹如本书准备篇所提到的,适量的油脂有助于润滑肠道,若油脂摄取不足,很可能导致粪便卡住,无法顺利排出,造成宝宝便秘的情况。

3. 习惯不佳

因为宝宝年纪尚小,有时候会因为玩耍过头或无法正确控制生理等因素,忽略或忍住便意,父母必须协助宝宝养成良好的排便习惯,每日固定时间提醒宝宝上厕所,将有助于预防宝宝便秘情况发生。

4. 纤维不够

膳食纤维摄取不足亦会导致便秘情况。不爱吃蔬果似乎是孩子的通病,尤其年龄稍大的宝宝,挑食情况会更加明显。若饮食不均衡,纤维摄取不足,排便量就会变少。此时,父母应督促宝宝摄取足够纤维质,或改变做菜方式,利用本书中的宝宝食谱,放入蔬果食材做成点心,就能让宝宝吃下更多膳食纤维。

CHAPTER

03

手指食物，让孩子乐在主动进食

玩食篇

宝宝6个月左右开始可以独立坐着，也会开始尝试抓取一些食物。宝宝的手指食物种类很多，块状、条状、颗粒状等食物都可以用来当作手指食物。此阶段，父母要尽量让宝宝多尝试进食各种食物，并随时注意食用状况，绝对不能扼杀宝宝学习的机会。

ITEM 01

开始训练孩子吃手指食物，
增进手指灵活度

适合宝宝咀嚼的食材都可以作为手指食物

当宝宝约 6 个月大可以独立坐直，想要尝试抓取大人手中的食物，并且已毫无困难可以享用汤匙中软软的块状或糊状食物时，便可以开始给予宝宝手指食物了。手指食物的涵盖范围很广，不限于条状、颗粒状或块状，只要是天然、健康、卫生，适合宝宝咀嚼的食材，都可以拿来作为手指食物。

手指食物可以让宝宝练习手指拿取与抓握，并且训练手眼协调能力，帮助宝宝习惯不同食物的质感，使宝宝掌握进食的主导权，这是迈向独立个体的重要阶段。许多父母怕脏乱，禁止宝宝自己动手吃，反而扼杀了宝宝学习的机会，相当可惜！给予宝宝手指食物时，请大人务必陪同宝宝进食，随时注意宝宝食用状况，过于坚硬或黏的食物请避开，以防哽噎。

手指食物种类丰富，运用也相当多元，按照食材处理难易度来分类，可以有很多的做法。

直接将食材剪成小块状的手指食物

不需要经过特别加工或处理，许多水果都可以归属于此类，顶多去皮去籽后，直接将食材剪成小块或片状，让宝宝拿取进食。例如香蕉、桃子、木瓜、火龙果、葡萄、奇异果、杧果、奶酪等。

将食材氽烫或蒸熟后压成泥

　　蔬菜类属于此类手指食物。请不要给宝宝食用生菜，以免感染寄生虫，造成健康困扰。块茎、块根类蔬菜切成条状或蒸熟后压成泥，非常适合给宝宝当作天然又健康的手指食物，父母不需大费周章，只要轻松氽烫或蒸熟后，就可以让宝宝享受自己动手饮食的乐趣。相关的手指食物有胡萝卜条、黄瓜、马铃薯、青椒、甜椒、玉米笋、番薯、南瓜、莲藕、西蓝花或菜花梗、青笋梗、白煮蛋等。

步骤较烦琐的手指食物需另行制作

　　此类手指食物需要另行制作，步骤较为烦琐，却可以提供给宝宝不同的饮食风味和味觉感受，也是本书想要与大家分享的重点。只要利用家中常备器具，经由简单、明了的操作步骤，就可以创造出一道道让宝宝喜爱的手指食物，例如米饼、米苔目、蛋糕、燕麦棒、贡丸、宝宝汤圆、QQ糖等。

ITEM 02

如何善用手指食物，
让宝宝不挑食？

让宝宝愈吃愈开心，父母轻松喂食

许多父母可能都会面临相同的困扰，那就是"宝宝越大越挑食"的状况。别说宝宝，其实大人自己或多或少也有喜欢与不喜欢的食物，甚至在采买食材的时候，都会凭借自己喜好来做选择，阿丑自己也不例外，自己不爱吃的食材鲜少出现在自家餐桌上。然而，自从有了宝宝后，内心渴望宝宝能吃得营养又均衡，便开始努力变换食材的形式，并且善用手指食物，让宝宝吃得开心又能不知不觉将不喜欢的食物吃下肚。

运用手指食物让宝贝不偏食，有以下 4 个简单原则。

① 符合宝宝的自主需求

随着宝宝年纪渐长，自主性越发强烈，既然宝宝想要自己抓取食物，不喜欢大人喂食，父母不妨改变饮食方式，将主餐或点心制作成可以用手拿取的食物形式。例如，将平凡无常的一碗米饭，捏制成一口大小的饭丸子，不仅符合宝宝自主拿取的需求，视觉感受更是不同。如此一来，饮食变得更加有趣，不仅能够减少挑食机会，亦能培养宝宝的手眼协调与自主能力。

② 善用开胃的天然食材

天然食材中有许多可以增进胃口、强健脾胃功能的食物，例如玉米、黄豆、菌

类、南瓜、红薯、红枣、山药、大薏仁、胡萝卜、甘蓝、马铃薯等，父母可以多加利用这些健脾益胃的食物来做成手指食物，帮助宝宝开胃，增进食欲。

③ 用喜爱的食物加以"掩护"

对于宝宝不爱吃的食物，要如何送进宝宝口中呢？最有效的方法就是，用宝宝原本就喜爱的食材来加以"掩护"，将这些爱吃的食材作为基底，再加入会不喜欢的材料，混合制作而成手指食物，让宝宝不自觉地将挑食的食材吃光光。例如爱吃肉、不爱吃菜的孩子，可以利用本书中的宝宝汉堡排，在肉馅中添加少许宝宝原先不爱吃的蔬菜，蔬菜分量记得不要一次添加太多，避免被看穿。

用这种夹带方式，相信宝宝的接受度会比单纯煮青菜来得高。

④ 改变食物的原本样貌

孩子会挑食，也许是因为食物的味道，也许是不喜欢食材的形状，进而产生偏食。此时，父母不要强迫孩子一定要吃下肚，这样更会引起宝宝的反感。可以试着改变食物原本的样貌，例如切得越细越好，或是打成泥，与其他食材一起制作成手指食物，就能让宝宝接受度大增。例如本书中的月亮虾饼，一定可以成功让不爱吃海鲜的宝宝开口食用；对于不爱喝豆浆的孩子，父母就可以用豆浆做成蛋糕，改变食材形式，保证可以吸引宝宝吃光。

挑食的宝宝，常让父母头疼，然而只要根据宝宝生理发展情况改变食物形式，善加利用开胃食材，并且巧妙地运用宝宝爱吃的食物加以搭配不喜欢的食材，绝对可以成功对付偏食的宝宝。此外，如果宝宝有常吃零食、经常晚睡等习惯，一定要逐步调整，恢复正常饮食与作息。从小灌输孩子维护自身健康的观念，比父母一再紧盯、单方面努力付出，来得更加长久有效。

ITEM 03

宝宝的阶段式
喂食原则

阶段式喂食，让孩子享受自己动手吃东西的乐趣

当宝宝开始大量流口水，就表示肠胃功能已逐渐发育成熟。四五个月大起，就可以准备进入辅食阶段，建议从米汤开始，再渐渐进入 10 倍粥，进而尝试低致敏性食物泥。请以一次尝试一种新食物为原则，每增加一样新的食材，就先让宝宝少量进食，连续观察 3 ~ 5 天，看宝宝是否有过敏症状，如果有过敏症状（例如拉肚子、长红疹），请暂停喂食并且就医诊断。

许多新手父母常会询问："这道点心几个月大可以吃？"阿丑要给大家一个非常重要的观念，不是要问何时可以吃，而是要先问：宝宝吃了会不会过敏？每位父母给予宝宝食材的顺序不尽相同，在给宝宝一道新的点心时，最重要的是了解这道点心的成分是否宝宝都已经"分别"尝试过，且不会过敏，答案肯定的话，才能够安心食用。

此外，每一道点心的软硬度不同，必须考虑到宝宝的咀嚼与吞咽能力，适当地给予，才能避免宝宝食用时发生意外或危险。例如苹果、葡萄等食材，要去皮去籽，切小块食用，避免整个给宝宝啃咬，以防发生危险。

手指食物的食材丰富，只要稍加变化，不仅可以当点心，亦可作为正餐。若是给宝宝当点心食用，一定要在正餐享用完毕后才少量给予，以免影响进食，造成宝宝正餐胃口不佳。若宝宝吃腻了米饭或粥品，可以适当将正餐食材转化为手指食物，不仅可以提高食欲，更能让宝宝享受自己动手吃东西的乐趣与成就感！

阶段式喂食	step 1	step 2	step 3	step 4	step 5
	奶	米汤	10 倍粥	低敏食物泥	幼儿食谱

幼儿食物必须根据孩子的发展顺序来做适当调整

幼儿食物必须根据生理发展阶段加以变化，无论是食材的大小或软硬度，都要视宝宝的牙齿生长、咀嚼能力以及大小肌肉发展，循序渐进地进行调整。到底要怎么准备合适的幼儿食物？阿丑依照年龄，并根据咀嚼能力、牙齿生长状况、手部动作以及食材处理加以归纳说明。

6个月～1岁半

咀嚼能力 >> 啃咬阶段。

牙齿生长 >> 宝宝的上下门牙依次长出，逐渐摆脱只能吮吸的口腔阶段，这个时期的宝宝属于啃咬阶段，但只会用门牙咬断或牙龈碾碎食物，还无法进行精细的咀嚼动作。

手部动作 >> 此时期的宝宝抓握能力持续发展中，会用类似握拳的方式来拿取食物，因力道控制尚在学习中，时常会发生把食物捏碎或用手掌将食物整个推入口中的情况。

食材准备 >> 由于1岁左右的宝宝还无法正确判断"一口"的分量是多少，且碍于咀嚼与抓握能力有限，因此，手指食物必须具有一定的厚度，并以大块状为主，以方便宝宝用整只手抓握。此外，食物必须柔软好吞咽，最好能够入口即化，让宝宝自主练习时不至于噎到。

参考食谱 >> 香橙棉花蛋糕、苹果软冻、孔雀饼干等食谱，非常适合这个阶段的宝宝练习拿取与吞咽。

1 岁半 ~ 2 岁半

👑 **咀嚼能力** ≫ 咬碎阶段。

👑 **牙齿生长** ≫ 2 岁左右，乳牙大约已长出 10 颗，咀嚼能力大幅提升，但还不能进食太过坚硬的食物。

👑 **手部动作** ≫ 宝宝由原本的整个拳头握取，进而可以采用手肘或手腕辅助施力。此时期可以开始进行汤匙拿取训练，由全握方式变为手指轻捏，到最后用 3 根指头使用汤匙，循序渐进地学习，增进手部的技巧与能力。

👑 **食材准备** ≫ 因为抓握技巧提升，手指食物可以变为薄片状，硬度也可以稍微增加，以练习咀嚼功能，可以连带增进语言能力。父母可以切取一口大小的食物，放置于汤匙上，让宝宝练习用汤匙送入口中，将有助于增强自主进食能力。

👑 **参考食谱** ≫ 宝宝狮子头、西蓝花鲜虾烘蛋、鲑鱼松饭团、紫薯米苔目等食谱，极为适合此阶段的宝宝作为手指食物。

2 岁半以上

👑 **咀嚼能力** ≫ 磨碎阶段。

👑 **牙齿生长** ≫ 乳牙逐渐长齐，因此咬碎与咀嚼能力更加完整，一般大人的食物大多可以顺利咀嚼、吞咽。

👑 **手部动作** >> 手部精细动作渐趋完美，汤匙使用上手后，可以尝试使用叉子以及学习筷，餐具的使用更趋多元。

👑 **食材准备** >> 食物可以切成和大人食用的差不多大小，但硬度需比大人食用的稍软一些，以方便乳齿咀嚼与磨碎。此阶段可以适时将食物切成长条状，以利于宝宝练习学习筷的使用。

👑 **参考食谱** >> 柠香蜂蜜鸡翅、芦笋肉卷、一口小馄饨等食谱，适合这个阶段中的宝宝练习手指技巧与使用餐具的能力。

餐具的选择与训练方法

　　1岁半以前的宝宝处于探索阶段，大多用手抓取食物，而1岁半后，可以慢慢训练孩子使用餐具。阿丑个人喜欢不锈钢材质，能够避免接触塑化剂的风险。餐具训练从最基本的汤匙着手，建议选择握柄较粗、尺寸短小、边缘浅薄的宝宝汤匙。刚开始训练宝宝使用汤匙时，大人请握住宝宝的手来辅助宝宝使用汤匙舀取食物，不需要特地要求宝宝能只用3根手指头握取。根据生理发展顺序，一开始一定是用握拳方式来拿取整个汤匙，渐渐才会进入精细动作，手指更加灵活，最终能够以拇指、食指及中指来操控调整。此阶段，父母的用心引导显得益加重要，如果宝宝失去耐心，就不需要勉强其使用餐具，避免宝宝失去信心或影响食欲。

　　等到汤匙使用渐渐熟练后，可以加入叉子作为餐具，选择握柄较粗、尺寸短小、尖端较钝的叉子。而宝宝使用时一定要有大人陪同，避免受伤。2岁半以后，可以购买学习筷。开始练习使用筷子进食，筷子长度比宝宝整个手掌再长3cm左右为佳。学习筷可以帮助宝宝练习使用筷子时减少挫折，提高自主进食的欲望，但仍旧得遵照宝宝的使用意愿，切勿勉强练习。

♥

阿丑妈咪的
育儿经验谈

　　阿丑生第一胎时，并没有给予安安太多的自主空间与练习机会，因为害怕危险、担心家里环境脏乱，时常给予限制，多由大人喂食，甚至安安到了3岁多还会赖皮，央求父母喂他吃饭。生了乐乐以后，阿丑改变做法，开始制作手指食物，放手让乐乐自由拿取进食、练习使用餐具，乐乐因为有安安这个模仿对象，加上自由度大开，她的手部发展速度明显超越安安，而且自主性强，个性显得独立又自信。阿丑从未使用塑胶餐具，大多是采用不锈钢或陶瓷器皿，乐乐却掌握得非常好，未曾打破过，让阿丑非常惊讶。原来父母不同的教养方式，可以养出截然不同的孩子。手指食物的灵活运用，搭配合宜的餐具使用，让乐乐手部动作精巧又灵敏。要怎样让孩子乐于主动进食呢？以下3点原则与大家分享。

1. 顺应宝宝的发展与意愿

　　如前所述，宝宝的生理发展有一定的顺序，父母操之过急只会拔苗助长，降低孩子的信心。用餐时，大人可以示范如何正确使用餐具，激发宝宝的好奇心与学习欲望，一旦孩子想要自主学习，父母就可以适时地给予宝宝协助。请记住，尊重其意愿，营造愉快的用餐体验，可以有效提升宝宝的学习兴趣，最终达到自主饮食的目的。同时再加上适度运动、维持卫生习惯以及做好保护措施，可以帮助孩子提升免疫力。安安就读幼儿园后，生病次数很明显地不像班上其他孩子一样时常生病就医，即使安安感冒了，也能够很快痊愈，让阿丑非常开心。因此，遵照上述几点做法，一定可以有效提升孩子的免疫力，即使是过敏体质宝宝，也能够显著地改善。

2. 容忍宝宝的好奇与脏乱

刚开始接触手指食物，宝宝势必感到非常好奇，借由多样化食物的色彩、温度、形状、软硬度，给予孩子不同的感官刺激与体验。因为新奇，加上力道掌握尚在学习中，一定会有宝宝异常兴奋、捏烂食物或是吃得满桌满地的情形发生，大人此时切勿大声责骂，避免造成宝宝负面观感，以为自己做错了，很可能会因此导致宝宝不敢再自主进食。父母可以在一旁柔声教导并正确示范，多给孩子一些同理心与耐心，相信宝宝会愈发进步。

3. 观察吞咽与排便的情况

宝宝开始尝试手指食物后，一定要观察其吞咽情况，每一次都要陪同宝宝进食，一方面可以避免意外发生，另一方面留意宝宝是否能在愉快情境中享用手指食物，顺利咀嚼、吞咽，有没有呛到的情形发生。一旦宝宝有吞咬困难，下回可以将手指食物的形状、大小或软硬度做调整。至于排便状况，也能反映出宝宝的吸收是否良好，间接显示手指食物的内容或食材是否符合宝宝发展与需求，父母得以借此做微调。

依据宝宝的发展阶段，适时地给予手指食物以及餐具辅助，将有助于提升宝宝的肌肉控制能力以及手眼协调功能，对于其未来养成独立人格，更是一大助益。简单的食谱、丰富的食材、完整的功能，是本书的三大主轴，盼望父母能培养出快乐、自信又独立的健康宝宝！

ITEM 04

坚持低温烹调，
让孩子吃得更健康

采用低温烹调，避免营养流失

　　想要吃得健康又养生，除了用对油品、采买当季食材、正确清洗外，还有一项大要点，那就是采用低温烹调方式。

　　很多人担心食物经过煮食后，营养会流失。的确，烹调的时间与温度是决定食材营养素去留的关键。用错烹调方法，即使吃对食材，也很难将营养素全数吃下肚。阿丑所设计的手指食物均采用低温烹调方式，能保留食物最大量的营养，不仅吃得营养，还能保有健康。

　　油炸或高温烘焙的食物香酥又具有口感，然而却会造成许多健康上的危害，实在得不偿失。阿丑不使用高温烹调的原因如下。

避免产生毒素

烹调时间过久、温度过高，容易造成食物劣败，食物中的营养物质会产生突变，可能成为致癌物质。淀粉类食品，例如马铃薯，经过 120℃以上的高温油炸或烘烤，会产生丙烯酰胺，提升致癌风险。薯条固然好吃，但为了避免产生毒素，建议先以低温的清蒸或水煮方式，将马铃薯煮至熟软后再进行低温烘烤，缩短烘烤时间，一样可以享受美味的料理，又能保证健康。

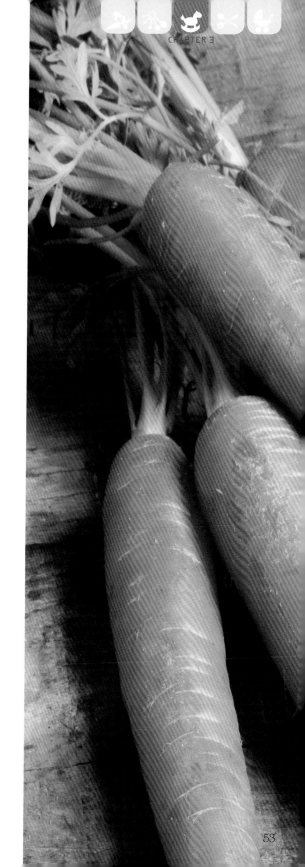

② **减少热量摄取**

油炸食品比起一般清蒸或水煮的食物，含油量必会大增，过度摄取热量，对身体造成负担。

③ **保留大量营养**

维生素 C 及 B 族维生素不耐高温烹煮，极易随着烹调时间与温度消失殆尽。然而这些成分又是人体必备营养素，若改用低温烹调方法则可以避免这些养分大量、快速流失，保有最大量的营养。

④ **减少肠胃负担**

高温油炸食物固然美味，然而大量的油脂不利于肠胃消化，尤其宝宝肠胃发育尚未趋于成熟，更不适合食用这些高温烹调的食品。

⑤ **具有环保理念**

低温烹调方法可以减少能源损耗，也省去油炸时的油品使用量，减轻地球负担，对于环境保护能有所贡献。

低温烹调可以锁住食物的原味，保有最多的营养价值，更能享有健康的身体，并且减低环境负担。从现在起，让我们改变烹调方式，一起享受健康人生吧！

ITEM 05

外出时如何准备
宝宝的手指食物？

其实，带宝宝出游的食物准备一点儿也不麻烦

许多父母自从有了宝宝后，鲜少外出旅游，原因在于出门在外，无法顺利制作宝宝食物，时常因此而放弃出游。阿丑自从有了第一胎经验后，从乐乐4个月大开始，便安排全家旅游。其实带宝宝出门一点儿也不麻烦，只要掌握以下3个关键，就可以轻松带着宝宝外出旅游。

① 变换形式

长途旅游时，可以准备一些较为干燥、不易掉屑的宝宝手指食物，可以参考本书中的菠菜芝麻饼、鲑鱼松饭团或香瓜核桃燕麦糕等食谱。这些餐点即使在旅游途中也可以放心让宝宝享用，不一定非要整碗装着鱼、肉、饭的正式餐食。相同的食材，稍微改变一下形式，就能轻松带出门饮食，非常快速又便利。

② 常温为主

外出旅游时，阿丑会在前一天晚上准备好宝宝的手指食物。为了方便出游，建议制作方便拿取并且不需冰存的餐点，例如本书中的双薯条、黑糖鲜奶吐司、

方块酥、香橙棉花蛋糕等，可以快速让宝宝享用，而且还能作旅游途中的安抚食物喔！

③ 即食蔬果

外出旅游最怕遇上塞车等突发状况，如果错过宝宝正餐时间，建议利用即食蔬果给宝宝垫垫肚子，例如香蕉、苹果、芭乐、西红柿、葡萄等蔬果，既营养又方便。出门旅游，可要记得带一些蔬果，以备不时之需。

带宝宝出门，绝对没有想象中的困难与麻烦，只要掌握上述3项原则，一样能够让宝宝享受营养餐点，玩得愉快，吃得安心。

牛蒡胡萝卜饼

训练重点

抓握

P144

鲑鱼松饭团

训练重点

抓握、汤匙
筷子、叉子

P74

CHAPTER
04

新鲜食材，用心料理

食谱篇

▼▼▼▼▼▼▼▼▼▼▼▼▼▼▼▼▼▼▼▼▼

自己亲自为孩子下厨，坚持给孩子最好的，严选多种营养食材，为孩子健康把关。用电饭锅、电炖锅、烤箱、平底锅，水煮轻松做出最适合孩子的佳肴。

BOILED RECIPES

水煮食谱

西红柿面疙瘩

正餐 ▶ 1人份 ▶ 春、秋、冬

训练重点
抓握、汤匙
筷子

营养成分

西红柿：茄红素、磷、铁、钾、钠、镁、维生素 A、B 族维生素、维生素 C

制作时间

20 分钟

所需材料

❶ 西红柿 25g
❷ 高筋面粉 50g
❸ 清水 10mL

1 将番茄洗净、切丁。

2 加入清水后，用搅拌棒打成汁。

3 将 2 加入高筋面粉中，混合均匀成团。

4 煮一锅滚水，水滚后，手捏约一口大小的面团下锅煮熟。

阿丑叮咛

● 可以另外煮一锅简单的蔬菜汤或高汤，搭配面疙瘩一起食用。

食谱篇 新鲜食材，用心料理

训练重点

汤匙、叉子

60

宝宝汤圆

点心 ▶ 1 人份 ▶ 一年四季

营养成分

鲜奶: 钙、磷、镁、钾、氯、硫、锌、铁

制作时间

20 分钟

所需材料

❶ 红薯 30g
❷ 太白粉 15g
❸ 鲜奶 15mL（可改用母乳、配方奶或豆浆）

1 红薯蒸熟，趁热压成泥。

2 加入太白粉及鲜奶，搅拌均匀。

3 用手搓成适当大小，太白粉加入越多，汤圆的口感会越弹，大家可以自行调整鲜奶和太白粉的比例，做出最适合宝宝咀嚼与吞咽的汤圆。

4 煮一锅滚水，水滚后下汤圆，汤圆浮起后就可以了。

阿丑叮咛

- 太白粉在市场都买得到，也就是马铃薯淀粉，并非一般用木薯粉做的太白粉。

- 汤可以用单纯的糖水，或是用天然食材取代砂糖，例如：用 1 杯量米杯红枣、半杯量米杯枸杞子及半杯量米杯莲子，洗净后加入适量纯净水，放入电饭锅。煮汤圆时倒 1 杯量米杯的甜水炖煮，不用添加任何的糖，汤自然就有甜味了。

训练重点
抓握、汤匙
筷子、叉子

香菇贡丸

正餐 ▶ 2 人份 ▶ 一年四季

营养成分

香菇：蛋白质、膳食纤维、维生素 A、维生素 B_1、维生素 B_2、维生素 B_6

制作时间

15 分钟

所需材料

❶ 猪肉馅 80g
❷ 干香菇 1 大朵

1 干香菇先泡冷水至软化，再清洗干净。

2 将香菇蒂头切除，切块后，与肉馅一起用搅拌棒或蔬果切碎器打成泥。

3 将打成泥的香菇肉泥放入碗中，用汤匙朝一个方向画圈搅拌约 2 分钟，让肉泥产生黏性。

4 煮一锅水，将香菇贡丸搓成适当大小，水沸腾后下锅煮约 3 分钟即可。

阿丑叮咛

● 猪肉馅可选用梅花肉，油花分布较均匀，口感也比较不干涩。

● 买猪肉时，请老板先洗过肉品，再进行绞肉（阿丑会请老板绞 2 次），比较卫生干净。

鲜奶冻

点心 ▶ 2 人份 ▶ 夏、秋

营养成分

爱玉子：水溶性膳食纤维、钙

制作时间

20 分钟

所需材料

❶ 爱玉子 5g
❷ 低脂鲜奶 200mL
❸ 砂糖 10g

训练重点

汤匙

1 取一个干净的锅，将鲜奶和砂糖倒进去，小火加热到砂糖溶解即可关火。鲜奶不需要煮到沸腾，加热的同时要一直搅拌，避免烧焦粘锅。

2 爱玉子倒入纱布或棉布袋中，袋口请绑紧。

3 将装好的爱玉子放入稍凉的鲜奶中，开始搓洗爱玉子，这样会有黏液产生，搓揉 3～5 分钟即可。

4 倒入干净的容器中，静置 15 分钟左右，即可凝结完毕。

阿丑叮咛

🍎 爱玉子也叫冰粉子，在杂粮店或者网店就可以买到。

🍎 用爱玉子制作的鲜奶冻，盛装的器皿必须干净无油，油脂会影响爱玉子凝结。

🍎 建议使用小容器，凝结速度会比较快。

🍎 凝结后，如果没有马上食用，请放入冰箱冷藏，以保持鲜度。因为含有爱玉子制作而成的鲜奶冻，冰太久会化成水，建议现做现吃。

一口小馄饨

正餐 ▶ 1人份 ▶ 夏、秋

营养成分

茭白：维生素 C、草酸、草酸钙、钾、钠

制作时间

30 分钟

所需材料

❶ 猪肉馅 30g
❷ 新鲜香菇 5g
❸ 菠菜 5g
❹ 茭白 5g
❺ 青葱少许
❻ 馄饨皮 5 大张

训练重点
汤匙、叉子
筷子

1 将香菇、菠菜、茭白及青葱用蔬果切碎器打成末。

2 蔬菜末与猪肉馅用汤匙搅拌均匀。

3 馄饨皮一大张切为 4 小张（方形）。

4 将馅料用小汤匙舀入馄饨皮。

5 馄饨皮先对折成为三角形后，再将两边角轻压在一起（如左图）。

6 煮一锅滚水，水滚后将馄饨下锅，煮约 3 分钟即可。

阿丑叮咛

🍎 猪肉馅可选用梅花肉，油花分布较均匀，口感也比较不干涩。

🍎 采买猪肉时，请老板先洗过肉品，再进行绞肉（阿丑请老板绞 2 次），比较卫生干净。

🍎 蔬菜可改为当季蔬菜。

训练重点

汤匙

珍珠撞奶

点心 ▶ 4 人份 ▶ 一年四季

营养成分

豆浆：蛋白质、B 族维生素、
大豆异黄酮、维生素 E

制作时间

30 分钟

所需材料

❶ 太白粉 50g
❷ 黑糖 15g
❸ 清水 35mL
❹ 豆浆适量

🐻 珍珠有弹性，宝宝的咀嚼能力很好才能食用。

🍎 如果加冰饮用，一定要让珍珠闷得够久、够软才行。因为珍珠遇到低温会变硬，闷软一点，才能保证珍珠加冰后是由软转弹，而不致变得太硬。

🍎 尚未下锅煮的珍珠可以冷冻起来存放，但是下次取出时，要煮更久，闷更长时间。煮好的珍珠，建议尽快食用，因为在常温中放太久或是冷藏后，珍珠都会变硬，所以建议煮好后就立即食用，吃多少，煮多少。

1 将 35mL 的清水倒入锅中，加入黑糖溶解，用小火持续加热，沸腾后熄火，立即将太白粉倒入，用汤匙搅拌。

2 等待稍微冷却后，用手将面团拌得更均匀一些。如果太干，可以适量加些热水，太稀无法成团的话，就再加一些太白粉。

 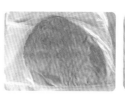

3 冷却的面团放进塑料袋中，用擀面杖或其他工具（例如奶瓶）擀平。

4 将塑料袋剪开，用小刀分割成小块。

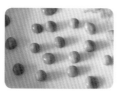  

5 再一一搓成圆球。建议搓小一点，比较适合宝宝食用，而且下锅煮时，珍珠会再膨胀喔！

6 煮一锅热水，水沸腾后将珍珠放入，珍珠会沉在底部，请记得用汤匙刮起，避免粘锅烧焦。用中火煮约 5 分钟，将火熄灭，盖上锅盖闷约 20 分钟，让珍珠熟透、吸饱水分。

7 最后加入豆浆，搭配珍珠一起食用。

训练重点

汤匙、筷子

紫薯米苔目

正餐 ▶ 1人份 ▶ 春、秋、冬

营养成分

紫薯：铁、磷、钙、锌、硒

制作时间

10 分钟

所需材料

❶ 紫薯 50g
❷ 大米粉 25g
❸ 清水 25mL

1 将紫薯洗净、去皮、蒸熟后，趁热压成泥状。

2 做法 1 加入大米粉以及清水，搅拌均匀。如果太稀，可以再加点大米粉；太干，就再加些清水。

3 混合均匀的紫薯米糊，用干净塑料袋装起来。

4 煮一锅滚水，在塑料袋一角剪一个小洞，水沸腾后挤出适当长度的紫薯米糊，变色浮起即可捞出食用。

阿丑叮咛

- 每种紫薯的含水量不同，如果下锅时发现米苔目散开没成形，这表示大米粉加得不够，所以可以先挤一条试试看，如果不成形，就要再加大米粉搅匀。

- 请不要一次全挤下锅，会粘在一起，糊成一团，除非锅子够大、水够多，不然可不要心急，不能一次全下完。

- 此道餐点入口即化，如果想要 QQ 的口感，可改用太白粉取代大米粉。

训练重点

抓握、汤匙

苹果软冻

点心 ▶ 1 人份 ▶ 秋、冬

营养成分

苹果：维生素 B$_6$、镁、烟酸

制作时间

20 分钟（再冷藏 1 ～ 2 小时）

所需材料

❶ 苹果 1 个
❷ 玉米粉 20g
❸ 砂糖适量（也可以不加，苹果够甜就不用加砂糖）

1 将苹果洗净、去皮。

2 用搅拌棒或果汁机将苹果打成泥后过滤，取 120mL 苹果汁。

3 将 120mL 苹果汁分成两部分，取其中一部分苹果汁加入 20g 玉米粉，搅拌均匀。

4 将剩余的苹果汁倒入锅中，小火加热到冒泡。如果觉得苹果不够甜，此时可以将砂糖加入，搅拌到溶化。

阿丑叮咛

🐱 如果怕宝宝太小，不适合吃高浓度的果汁，可以加一些冷开水稀释。

🐱 若把苹果汁改成鲜奶，就成为雪花糕喽！

5 将步骤 3 加了玉米粉的苹果汁加入步骤 4 中。请持续搅拌，中小火煮到变成浓稠状。记得要持续搅拌，不然容易烧焦粘锅。

6 准备一个干净的器皿，将煮好的软冻倒入模具中，尽量抹平。静置稍凉后，包上保鲜膜，放入冰箱冷藏 1 ～ 2 小时，取出切块就可以食用了。

PAN RECIPES

平底锅食谱

香蕉凤梨饼

点心 ▶ 1 人份 ▶ 夏、秋

训练重点
抓握、汤匙
筷子、叉子

营养成分

凤梨：膳食纤维、有机酸、维生素 A、维生素 B_1、维生素 C、类胡萝卜素、钾

制作时间

15 分钟

所需材料

❶ 无糖豆浆 20mL
❷ 鸡蛋 1 个
❸ 即食燕麦片 35g
❹ 凤梨 15g
❺ 香蕉 15g

1 将无糖豆浆、凤梨、香蕉倒入杯中，用搅拌棒或果汁机打成汁。

2 加入鸡蛋及燕麦片，搅打成泥。因为不同品牌的燕麦片吸水程度不同，如果觉得太干、太稠搅不动，可以多加一点点豆浆；反之，如果太稀，可以再加些燕麦片。

3 平底锅用纸巾均匀抹上一层薄薄的油，接着开小火加热，热锅后，用汤匙舀入燕麦糊。

4 用小火煎到金黄即可翻面，建议可以用锅铲轻压一下，让饼更薄，熟的速度会更快，口感也更好。

阿丑叮咛

● 香蕉和凤梨都可以替换成当季水果。

1

2

3

训练重点
抓握、汤匙
筷子、叉子

CHAPTER 4

鲑鱼松饭团

正餐 ▶ 2 人份 ▶ 一年四季

营养成分

鲑鱼：Ω-3 脂肪酸

制作时间

20 分钟

所需材料

❶ 鲑鱼 1 片
❷ 酱油少许
❸ 砂糖少许
❹ 白饭适量

1 将鲑鱼蒸熟。如果怕有腥味，可以铺上姜片一起蒸。

2 将鲑鱼肉挑出来，去除鱼刺和鱼皮，蒸出来的鱼汁也不要留，纯粹取鱼肉即可。

3 锅中不需要加任何油，将鱼肉用小火干炒，炒的过程必须不断翻动。

4 用锅铲将鱼肉切得更小块，缩短翻炒时间。

5 鱼肉会慢慢收干，加入少许酱油和砂糖调味，继续翻炒至呈现鱼松状。酱油和砂糖不要在一开始就加入，避免一下子就烧焦喔！

6 白饭捏成球状，滚上鲑鱼松后，就可以作为正餐食用。

阿丑叮咛

🍎 1 岁以下的宝宝，建议省略调味料，炒原味鲑鱼松即可。

🍎 可以加入适量芝麻，增加营养及香气。

🍎 炒好的鲑鱼松，可以用料理机打得更细。

南瓜 QQ 糖

点心 ▶ 1 人份 ▶ 一年四季

营养成分

南瓜：蛋白质、维生素 A

制作时间

15 分钟

所需材料

❶ 太白粉 5g
❷ 南瓜 15g

1 南瓜洗净、去皮去籽、切小块后，放入蒸锅中蒸熟，蒸出来的水不要留着，取南瓜肉即可。

2 蒸好的南瓜趁热用汤匙压成泥。

3 放入太白粉，慢慢搅拌至无粉状颗粒。

4 用手搓成圆球，如果觉得非常粘手，请在南瓜泥中再加入少许太白粉，调整至不粘手、可以塑形的状态。太白粉越多口感越弹，建议粉量使用到能塑形的状态即可。

5 捏好的南瓜球放在盘子中，再将盘子放入平底锅里，平底锅加水，小火蒸 5 ~ 7 分钟。

6 取出即可食用，因为有点儿黏，建议用小叉子从底部轻轻挑起。

阿丑叮咛

🍎 太白粉在市场都买得到，是马铃薯淀粉，不是一般用木薯粉做的太白粉。

🍎 南瓜 QQ 糖相当弹，建议咀嚼能力好的宝宝食用。

训练重点

抓握、汤匙
筷子、叉子

山药红薯饼

正餐 ▶ 1 人份 ▶ 一年四季

营养成分

山药：蛋白质、B 族维生素、维生素 C、维生素 K

制作时间

20 分钟

所需材料

❶ 红薯 1 个（约 100g）
❷ 山药 40g
❸ 低筋面粉 15g

1 先将红薯洗净、去皮、切小块后蒸熟。

2 山药去皮后切小块，将熟红薯 100g 和山药用搅拌棒或果汁机打成泥。

3 加入低筋面粉拌匀。

4 平底锅加入少许油（可用芝麻油，会更香），热锅后，用汤匙舀入山药红薯泥。

5 用小火煎到两面金黄即可食用。

阿丑叮咛

🐱 可以根据宝宝的咀嚼能力，决定是否将山药全部打成泥，也可以选择保留些许颗粒以增加口感。

训练重点

筷子、叉子

蘑菇蛋饼

点心 ▶ 1人份 ▶ 一年四季

营养成分

蘑菇：铁、蛋白质、氨基酸

制作时间

20 分钟

所需材料

❶ 高筋面粉 40g
❷ 太白粉 5g
❸ 清水 90mL
❹ 鸡蛋 1 个
❺ 蘑菇 2 朵

1 将高筋面粉与太白粉加入清水拌匀，成粉浆状。

2 过筛粉浆，确定没有颗粒。调好的粉浆静置 10 分钟。

3 平底锅加入少许油热锅，再次搅匀粉浆后倒入平底锅中，轻轻转动锅子，让粉浆扩散成圆形。

4 稍微定型后，翻面再煎一下，即成蛋饼皮，起锅放一旁备用。

5 蘑菇切片炒软后盛起，将鸡蛋打散混合蘑菇，再倒入锅中，盖上蛋饼皮，稍煎一下，卷起后用锅铲切块，即可起锅享用。

阿丑叮咛

🍎 蛋饼内馅可以替换成任何喜欢的材料，例如葱花、起司等。

宝宝汉堡肉饼

正餐 ▶ 1人份 ▶ 夏

营养成分

秋葵：钙、镁、钾、维生素A、
维生素K、蛋白质

制作时间

20 分钟

所需材料

❶ 肉馅 30g
❷ 葱花少许
❸ 洋葱 5g
❹ 秋葵 5g

训练重点
汤匙、叉子
筷子

1 所有食材用搅拌棒（或蔬果切碎器、果汁机等）搅拌成泥。

2 锅中加入少许油，热锅后，用汤匙舀入肉泥，用锅铲轻轻压平。

3 煎到两面金黄熟透后，即可起锅。

阿丑叮咛

🍎 肉馅可以使用猪肉或鸡肉。　🍎 汉堡肉饼食材可以替换成当季蔬菜。

蛋饺

正餐 ▶ 1 人份 ▶ 春

训练重点
汤匙、叉子
筷子

营养成分

豌豆：维生素 A、维生素 C、
蛋白质

制作时间

10 分钟

所需材料

❶ 肉馅 15g
❷ 豌豆 5g
❸ 鸡蛋 1 个
❹ 玉米粉 1 小匙（调料匙）

1 肉馅与豌豆用搅拌棒打成泥，当作馅备用。

2 将玉米粉加入鸡蛋液，轻轻拌匀。

3 步骤 2 蛋液用滤网过筛。

4 平底锅加入少许油，热锅后，舀入 1 匙步骤 3 蛋液，蛋液上面再放上少许步骤 1 肉馅。

5 等待蛋饼的底部稍熟后，将蛋饼对折，轻压边缘，形成蛋饺的形状。

6 煎好的蛋饺，肉馅并未熟透，可以用平底锅将蛋饺蒸熟，或是煮一锅水，将蛋饺煮熟。

阿丑叮咛

🍎 如果没有玉米粉，可以用太白粉取代。

香蕉煎蛋糕

点心 ▶ 2 人份 ▶ 一年四季

营养成分

香蕉：膳食纤维、蛋白质、钙、磷

制作时间

20 分钟

所需材料

❶ 香蕉 25g
❷ 鲜奶 65mL（可改用母乳、配方奶或豆浆）
❸ 鸡蛋 1 个（蛋黄、蛋白分开）
❹ 低筋面粉 50g
❺ 砂糖 5g（可改用黑糖）

1 将香蕉和鲜奶打成汁，再加入蛋黄，轻轻搅拌均匀。

2 加入过筛的低筋面粉，轻轻搅拌至无颗粒。

3 将砂糖与蛋白混合，用打蛋器打至硬性发泡，也就是拿起打蛋器时，蛋白霜呈现坚挺、不下垂的状态。

4 取 1/3 的蛋白霜，加入蛋黄糊中，用打蛋器搅拌均匀。

5 将剩下的蛋白霜倒入拌匀的蛋黄糊中，改用刮刀，由下往上，轻轻拌匀（切勿用画圈方式拌匀，以免消泡）。

6 平底锅用餐巾纸醮油抹匀，热锅后，用汤匙舀入面糊，等待表面出现小泡泡后，即可翻面。建议两面都煎好的时候，边也要用筷子夹起来在锅上滚一下，让四周的面糊能熟透。如果蛋糕的周围吃起来黏黏的，就是没有熟透。

阿丑叮咛

🍎 香蕉可替换成应季的水果。

🍎 常温鸡蛋较好打发，如果冰过，请放至室温后再使用。盛装鸡蛋的容器，不要接触到任何油脂或水分，避免影响打发。

🍎 蛋白要好好打发，搅拌要轻柔快速，才不会变成发糕哦！

训练重点
抓握、汤匙
筷子、叉子

玉米饼

点心 ▶ 2 人份 ▶ 一年四季

营养成分

玉米：蛋白质、胡萝卜素

制作时间

30 分钟

所需材料

❶ 玉米半根（请先蒸熟，取下玉米粒）
❷ 鸡蛋 1 个
❸ 盐 1 小匙（调料匙）
❹ 低筋面粉 50g
❺ 无调味的高汤 75mL

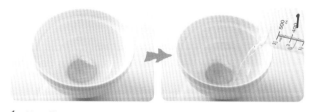

1 将蛋黄用汤匙取出，加入盐及高汤后，轻轻拌匀。

2 低筋面粉过筛后加入步骤 1，再加入玉米粒，轻轻拌匀。

3 蛋白用打蛋器打发到硬性发泡，拿起打蛋器，蛋白霜呈现坚挺、不下垂的状态。

4 取 1/3 的蛋白霜加入蛋黄糊中，用打蛋器轻轻拌匀。将剩下的蛋白霜倒入蛋黄糊中，用刮刀由下往上轻轻拌匀。

阿丑叮咛

● 高汤可以用鸡肉、排骨或蔬菜来熬煮。如果没高汤，也可以用鲜奶、豆浆或其他果汁代替，单纯使用白开水，味道会显得较淡。

5 平底锅用餐巾纸醮油抹匀，热锅后，用汤匙舀入面糊，等待表面出现小泡泡后，即可翻面。建议两面都煎好的时候，边也要用筷子夹起来在锅上滚一下，让四周的面糊能熟透，避免玉米饼的周围因为没有熟透而吃起来黏黏的。

杜果布蕾

点心 ▶ 1 人份 ▶ 夏

营养成分

杜果: 叶酸、维生素 A、维生素 C

制作时间

15 分钟

所需材料

❶ 鸡蛋 1 个
❷ 杜果 1 个
❸ 鲜奶 30mL (可改用母乳、配方奶或豆浆)

1 新鲜杜果去皮、切块,用搅拌棒或果汁机搅打成汁。

2 取 90 mL 杜果汁与鲜奶混合均匀。

3 将鸡蛋打散后,加入杜果鲜奶中,搅拌均匀。

4 倒入耐热的容器中,拿起容器在桌上敲几下,让气泡散出。

5 平底锅内加 2 杯量米杯的水,不需要事先预热,用中小火蒸,记得盖子与锅之间要夹一根筷子,避免温度过高影响成品的美观和口感。蒸到凝结即可。

阿丑叮咛

🍎 一个鸡蛋需要加入 120mL 的液体 (杜果汁和鲜奶都算液体),这样做出来的布蕾才会软嫩,杜果汁和鲜奶的比例可以自行调整。

草莓布丁

点心 ▶ 1人份 ▶ 春、冬

营养成分

草莓：维生素 C、果胶

制作时间

15 分钟

所需材料

❶ 草莓适量
❷ 鸡蛋 1 个
❸ 蜂蜜适量（1 岁以下请使用砂糖或黑糖，但黑糖颜色较深）

1 草莓洗净，去掉蒂头，切成丁。

2 用搅拌棒或果汁机搅打成汁，取 100mL 草莓原汁。

3 步骤 2 加入蜂蜜搅拌均匀。

4 鸡蛋打散后，加入草莓汁中拌匀。

5 用滤网过筛，将草莓籽过滤干净，让口感更好。倒入耐热容器中，将容器拿起，轻敲桌面两下，让气泡散出，可以让布丁更光滑细致。

6 平底锅加入 2 杯量米杯的水，开中小火预热，水滚后才将草莓布丁放入，转小火蒸煮，记得盖子与锅之间要夹一根筷子，避免温度过高影响成品的美观和口感。蒸到凝结即可。

阿丑叮咛

🍓 草莓可以替换成应季水果，或全部用鲜奶代替，这样就是鲜奶布丁。

🍓 蜂蜜建议 1 岁以上宝宝食用。

训练重点
抓握、汤匙
筷子、叉子

月亮虾饼

正餐 ▶ 2 人份 ▶ 一年四季

营养成分

胡萝卜: 维生素A、维生素C、维生素E、胡萝卜素

制作时间

30 分钟

所需材料

❶ 鸡蛋蛋白 1 个
❷ 马铃薯 60g
❸ 胡萝卜 5g
❹ 洋葱 5g
❺ 草虾 4 只
❻ 猪肉馅 30g
❼ 蛋饼皮 2 张

1 将马铃薯与胡萝卜蒸熟后放凉。

2 草虾洗净，剥壳，并用牙签取出背上的肠泥。

3 除了蛋饼皮外，所有食材用搅拌棒或果汁机打成泥，即为月亮虾饼的内馅。

4 取一张蛋饼皮，平铺在砧板或干净的工作台上，用汤匙舀内馅放置在蛋饼皮的中心，直接盖上另一张蛋饼皮。

5 再用手或刀面将馅料压平，让馅料平均散布在蛋饼皮中。

6 用牙签将饼皮的表面刺出一个个的小洞。平底锅加少许油，热锅后，将饼放入，小火煎至两面金黄即可。

阿丑叮咛

🍎 刺小洞的原因是为了避免煎的过程中温度过高，造成饼皮膨胀、破裂，甚至皮馅分离。

🍎 蛋饼皮的做法可参考本书中的蘑菇蛋饼（P80）食谱。

STEAM COOKER RECIPES

电炖锅食谱

鸡蛋豆腐

正餐 ▶ 1 人份 ▶ 一年四季

训练重点

汤匙

营养成分

鸡蛋：蛋白质、钙、磷、铁

制作时间

20 分钟

所需材料

❶ 鸡蛋 1 个
❷ 无糖豆浆 100mL（若鸡蛋较小，建议用 90mL）

1 将蛋轻轻打散。

2 加入无糖豆浆，搅拌均匀。

3 用滤网过筛，消除液体中的气泡，可以让豆腐更加细致均匀。

4 倒入事先准备好的模具中，为了方便取出，可以先在底下及四周铺上烘焙纸。电炖锅底部放蒸架，需先预热，预热方式为外锅内倒入 2 格量米杯的水量（即 1/5 杯量米杯的水），盖上锅盖，按下煮饭开关。

5 预热完成后，外锅再倒入 1 杯量米杯的水，放入豆浆蛋液，就可以开始蒸豆腐喽！锅盖用一根筷子夹住，目的是让常蒸汽散出，避免温度过高，影响豆腐的美观与口感。电炖锅开关跳起后，如果还没有完全凝固、熟透，再加半杯水继续蒸至凝固即可。

阿丑叮咛

🍎 请勿使用热豆浆，会变蛋花汤哦！

小乌贼红薯饼

点心 ▶ 2 人份 ▶ 夏

营养成分

小乌贼：蛋白质、不饱和脂肪酸、牛磺酸

制作时间

20 分钟

所需材料

❶ 熟红薯 70g
❷ 小乌贼 1 条（约 50g，去掉眼睛、肠子后约剩 25g）
❸ 低筋面粉 20g

阿丑叮咛

- 可以根据宝宝的咀嚼能力，决定小乌贼是否要全部打成泥状。
- 喜欢两面微焦感觉，可以在电炖锅第 1 次跳起后开盖，将小乌贼红薯饼翻面，再进行第 2 次烘烤。

1 小乌贼洗净后，去掉眼睛与肠子。

2 将熟红薯与小乌贼用搅拌棒（或蔬果切碎器、果汁机等）搅打成泥。

3 加入低筋面粉，用手拌匀。

4 取一小部分面团，用手捏成团，再压扁（约 0.3cm 厚）。

5 电炖锅底部直接铺烘焙纸，将小乌贼红薯饼摆放在烘焙纸上。

6 盖上锅盖，按下煮饭开关。开关跳起后，不要开盖，也不用拔掉插头，等待约 5 分钟，让电炖锅降温，再次按下煮饭开关。开关跳起后闷 3 分钟，即可取出食用。

训练重点

抓握、汤匙

蔓越莓酥饼

点心 ▶ 1 人份 ▶ 一年四季

营养成分

蔓越莓：维生素 C、铁质、
单宁酸、花青素

制作时间

20 分钟

所需材料

❶ 低筋面粉 20g
❷ 黑糖 5g
❸ 米糠油 10mL（可改用其他
油品）
❹ 蔓越莓干 10g（可改用其他
坚果类）

1 用刀将蔓越莓干切细。

2 将米糠油和黑糖混合在一
起。

3 低筋面粉过筛后加入步骤
2，再加入蔓越莓干，用手
混合、捏成团。

4 取一小部分面团，用手捏
成形（无法搓成圆形），再
压扁（约 0.3cm 厚）。

5 电炖锅底部铺烘焙纸，将蔓
越莓酥饼摆放在烘焙纸上。

6 盖上锅盖，按下煮饭开关。
开关跳起后，不要开盖，
也不用拔掉插头，等待约
5 分钟，让电炖锅降温。
之后打开锅盖，将饼干翻
面，再次盖上锅盖，按下
煮饭开关。开关跳起后闷
3 分钟，即可取出食用。

阿丑叮咛

🐻 饼干放凉后才会显得酥脆，如果吃不完，请密封保
存，避免受潮。

洋葱鸡块

正餐 ▶ 1人份 ▶ 春、冬

营养成分

洋葱: 膳食纤维、维生素 A、维生素 C、钾、钙、铁

制作时间

20 分钟

所需材料

❶ 鸡胸肉 50g
❷ 洋葱 5g
❸ 豆腐 10g
❹ 大燕麦片 10g
❺ 蒜头 1 瓣

1 鸡胸肉去皮，切小块。

2 将所有材料用搅拌棒或果汁机打成泥。

3 电炖锅底部不加蒸架，直接铺烘焙纸。

4 将混合好的鸡肉泥分别捏成适当大小的块，摆放于烘焙纸上。电炖锅不加任何水，盖上锅盖，按下煮饭开关。开关跳起后，静置 5 分钟让电炖锅散热后，再次压下开关。

5 第 2 次开关跳起后，开盖，将鸡块翻面，再盖上锅盖，第 3 次压下煮饭开关（电炖锅都不需要加任何水）。开关跳起后，用竹签插一下鸡块，没有粘黏即熟了。

阿丑叮咛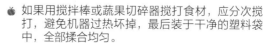

🐾 如果用搅拌棒或蔬果切碎器搅打食材，应分次搅打，避免机器过热坏掉，最后装于干净的塑料袋中，全部揉合均匀。

🐾 洋葱可改成其他当季的蔬菜。

训练重点
抓握

苹香紫米饼

点心 ▶ 2 人份 ▶ 秋、冬

营养成分

紫米：蛋白质、维生素 B_1、维生素 B_2、锌

制作时间

20 分钟

所需材料

❶ 紫米 55g
❷ 大米 55g
❸ 苹果 40g

1　紫米先浸泡至少 4 小时后，与大米一同煮成紫米饭。紫米与大米的比例约为 1：1，煮饭的水量大约 1 个指节的高度。

2　将紫米饭与苹果搅打成泥，稠度为拿起搅拌棒不滴落，但又不像麻薯面坯一样拌不动。

3　将步骤 2 装于塑料袋中，绑紧袋口，并在袋子的一角剪一个小洞。

4　电炖锅底部不加蒸架，直接铺烘焙纸。

5　将紫米糊挤于烘焙纸上，形状依个人喜好决定。

6　电炖锅不加任何水，盖上锅盖，按下煮饭开关。开关跳起后，静置 5 分钟等电炖锅降温后，再次压下煮饭开关。前后共需按压开关 3 ~ 4 次，电炖锅都不需要加任何水。

阿丑叮咛

🍎 烤越多次会越硬，若是给还没有长牙齿的宝贝吃，记得不要烤太多次。

甘蓝肉羹

正餐 ▶ 1人份 ▶ 一年四季

训练重点

抓握、汤匙
筷子、叉子

营养成分

甘蓝：B 族维生素、维生素
C、维生素 K、维生素 U

制作时间

20 分钟

所需材料

❶ 猪肉 50g
❷ 甘蓝 10g
❸ 大燕麦片 10g

1 将所有材料用搅拌棒或果汁机（蔬果切碎器）打成泥。

2 电炖锅底部不加蒸架，直接铺烘焙纸。

3 将材料捏成长条状，摆放于烘焙纸上。电炖锅不加任何水，盖上锅盖，按下煮饭开关。

4 开关跳起后，过 5 分钟再开盖，将肉羹翻面，盖上锅盖，第 2次压下煮饭开关（电炖锅都不需要加任何水）。开关跳起后，用竹签插一下肉羹，没有粘上即熟了。

阿丑叮咛

🍎 阿丑建议选择带有油花的梅花肉才不会过于
柴，较适合宝宝食用。

🍎 若喜欢蒜味，可以自行添加少许蒜，一同搅
打成泥再制作。

1

2

3

柠香鸡腿排

正餐 ▶ 2 人份 ▶ 夏

训练重点

叉子、筷子

营养成分

鸡肉：蛋白质、糖类、维生素 A、B 族维生素、钙、磷、铁、铜

制作时间

1.5 小时

所需材料

❶ 去骨鸡腿 1 片
❷ 柠檬 1 个
❸ 蜂蜜 10mL
❹ 酱油 15mL
❺ 蒜头 3 瓣

1 鸡腿洗净，加入酱油、蒜头、蜂蜜、1 个柠檬汁以及 1 个柠檬皮碎屑，腌渍 1 小时。

2 将腌好的鸡腿整片平放入内锅中，鸡皮部分朝下，腌料汤汁不要加入，电炖锅外锅倒入 1 杯量米杯的水，放入内锅，按下开关蒸煮。

3 电炖锅开关跳起后闷约 10 分钟，再按下加热开关（外锅不要加水），让鸡腿出的汁能收干。如果鸡腿产生的汤汁太多，可以倒掉汤汁再按下加热开关。电炖锅开关跳起后即可享用美味的柠香鸡腿排。

1

2

阿丑叮咛

● 腌料中有添加蜂蜜的，建议 1 岁以上再行食用，1 岁以下可改用黑糖腌渍鸡腿。

薯饼

正餐 ▶ 2 人份 ▶ 冬

营养成分

马铃薯：蛋白质、脂肪、钾、锌、钙、磷

制作时间

20 分钟

所需材料

❶ 马铃薯 2 个
❷ 蛋黄 1 个

1 马铃薯洗净削皮、切块，蒸熟。

2 取蒸熟的马铃薯泥 100 g 和一个蛋黄搅打成泥。

3 电炖锅底部直接铺上烘焙纸。

4 用汤匙舀入适量的马铃薯泥，放在烘焙纸上，手指醮少许水整形。

5 电炖锅不需要加水，直接盖上锅盖，按下煮饭开关。开关跳起后，闷 5 分钟再开盖，将薯饼翻面。

6 薯饼翻面后，盖上锅盖，按下煮饭开关。开关跳起后，闷 5 分钟，再次按下煮饭开关，之后开关跳起，即可取出食用。

阿丑叮咛

🍎 给马铃薯泥造型时，手指醮少许水分，可以防止粘锅。

芜菁糕

正餐 ▶ 2 人份 ▶ 冬

营养成分

芜菁：蛋白质、钠、钾、钙、镁

制作时间

1.5 小时

所需材料

❶ 芜菁 90g（去皮后，未蒸煮前的净重）

❷ 大米粉 45g

❸ 过滤水 110mL（请分成 20mL 与 90mL）

阿丑叮咛

🍎 因为每颗芜菁含水量不同，如果觉得蒸好的芜菁糕很湿黏，可以放进烤箱烤 10 分钟，就会非常漂亮又容易脱模。

1 将芜菁去皮、切小块，加入 20mL 的过滤水，搅打成泥后，倒入平底锅中备用。

2 将大米粉与 90mL 的过滤水混合，轻轻搅拌至无颗粒状的粉浆。

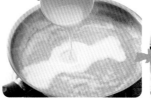

3 开中火，先把芜菁水煮滚，之后转小火，倒入粉浆，此时要不断用锅铲翻炒，才不会粘锅。

4 搅拌到变得浓稠、结成块，将火关掉，倒入耐热模具中（记得铺上烘焙纸，才能顺利脱模）。手醮湿，轻压表面，并且拿起模具，轻敲桌面几下，让中间无空隙。

5 电炖锅外锅倒入 2 杯量米杯的水，开始蒸煮。蒸到筷子插下，不会粘到，就是熟了。如果还会粘到，则需再继续蒸煮。等芜菁糕凉了再脱模，才能成功并且外形漂亮。

训练重点
抓握

红薯米饼

点心 ▶ 2 人份 ▶ 春、夏

营养成分

红薯：膳食纤维、蛋白质、
钙、钠、磷、铁、维生素C、
胡萝卜素

制作时间

20 分钟

所需材料

❶ 熟红薯 40g
❷ 米饭 80g
❸ 鲜奶 40mL（可改用母乳、
　　配方奶、豆浆、清水或高汤）

1 将米饭煮熟。煮饭的水量，
大约 1 个指节高度即可。

2 将米饭、熟红薯、鲜奶放
入杯中，用搅拌棒搅打成
泥，稠度为拿起搅拌棒不
滴落，但又不像麻薯一样
拌不动即可。

3 将步骤 2 装于塑料袋中，
绑紧袋口，并在袋子的一
角剪一个小洞。

4 电炖锅底部不加蒸架，直
接铺烘焙纸。

5 将米糊挤于烘焙纸上，形
状依个人喜好决定。

6 电炖锅不加任何水，盖上
锅盖，按下煮饭开关。开
关跳起后，过 5 分钟等电
炖锅降温后（不需要开盖
或拔插头），再次按下煮饭
开关。前后共需按压开关
3 ~ 4 次，电炖锅不需要
加任何水喔！

阿丑叮咛

🍎 红薯糖分高，含水量
也比较高，如果是使
用紫薯，可能需要更
多的液体调和。建议
鲜奶慢慢加入，搅打
出适合的稠度。

🍎 烤的次数越多就会越
硬，如果宝宝还没有
长牙齿，记得不要烤
太多次。

训练重点
汤匙、叉子
筷子

秋葵白玉酿肉

正餐 ▶ 2 人份 ▶ 夏

营养成分

秋葵：维生素 A、B 族维生素、维生素 C，以及钙、磷、铁、锌、硒

制作时间

1.5 小时

所需材料

❶ 白萝卜一小截（约 20 cm 长，直径 5 cm）
❷ 秋葵 2 个
❸ 蒜 1 瓣
❹ 猪肉馅 50g（阿丑用梅花肉）

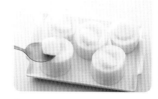

1 白萝卜去皮后，切成 5 小块，每一块的厚度约 4cm，用尖头汤匙挖出部分萝卜肉，但不要挖穿底部。

2 秋葵洗净，去掉蒂头部分，可以留下 5 小片星形做装饰，其余的秋葵与蒜一起切成细末。

3 将步骤 2 加入猪肉馅中拌匀，用汤匙朝一个方向搅动，搅动至肉产生黏性。

4 用汤匙将步骤 3 舀入白萝卜的洞中，最后放上 1 片星形秋葵。

阿丑叮咛

🍎 秋葵可以替换成其他的应季蔬菜。

🍎 采买猪肉时，请老板先洗过肉品，再进行绞肉 2 次，这样比较容易产生黏性。

5 电炖锅外锅倒入 1.5 杯量米杯的水，按下开关炖煮。开关跳起后再闷 5 分钟，确定白萝卜已经熟软，即可食用。

奶香小餐包

正餐 ▶ 1 人份 ▶ 一年四季

营养成分

鲜奶：钙、磷、镁、钾、氯、硫、锌、铁

制作时间

2 小时

所需材料

❶ 高筋面粉 50g
❷ 无盐奶油 5g
❸ 砂糖 5g
❹ 酵母粉约 2g
❺ 盐少许（可省略）
❻ 鲜奶 25mL（可改用母乳、配方奶或豆浆，1 岁以上才能用鲜奶）
❼ 蛋黄半个
❽ 黑芝麻少许

1 鲜奶和砂糖倒在锅中，放在煤气炉上用小火加热到微温，之后熄火，搅拌至砂糖完全溶化。

2 确认奶的温度降下来再倒入酵母粉。因为酵母如果高温超过40℃，会失效喔！

3 接着倒入高筋面粉（不需要过筛），加入盐，用手将面团搓揉成团后，才加入室温软化的奶油，继续用手搓揉，揉到三光：盆光、手光、面团光滑。

4 盖上保鲜膜，让面团静置发酵至2倍大后，将面团分割成适当大小，整成自己喜欢的形状。

5 电炖锅底部放蒸架，铺上烘焙纸。将整形好的面团放在电炖锅中，不需要加水，也不用插电，直接盖上锅盖，等待整形好的面团发酵至2倍大（手指压下不回弹即可），刷上蛋黄液，撒上黑芝麻。

6 电炖锅不加任何水，直接按下开关。开关跳起后，闷5～10分钟，再次按下开关。前后总共按压开关4～5次，面包就熟了。

阿丑叮咛

🍎 餐包做好放到隔天才食用的话，会显得有些干硬，建议用水蒸方式回软，一样非常好吃！

115

黑糖鲜奶吐司
（免揉面团）

正餐 ▶ 2 人份 ▶ 一年四季

营养成分

鲜奶: 钙、磷、镁、钾、氯、硫、锌、铁

制作时间

1.5 小时（不含免揉面团冷藏发酵时间）

所需材料

❶ 高筋面粉 150g
❷ 鲜奶 105mL（可改用母乳、配方奶或豆浆）
❸ 无盐奶油 20g
❹ 黑糖 15g
❺ 盐少许（可省略）
❻ 酵母粉 2 ~ 3g

1 将鲜奶、黑糖及无盐奶油倒入锅中，小火加热到微温即关火，用余温将奶油慢慢融化。

2 待液体稍凉，加入过筛高筋面粉和酵母粉。如果高于40℃，酵母会失效，而影响发酵。接着用汤匙搅拌成团。

3 盖上保鲜膜（不用盖太紧），在室温中发酵 1 ~ 2 小时，之后再放入冰箱冷藏 12 小时以上。

4 将面团取出，在室温中回温半小时。用手将面团拆成 3 份，每份压扁后，再用手轻轻卷起来，不用揉它，才能保有松软口感。

5 将 3 份面团放入模具中。电炖锅底部放蒸架，将模具放进电炖锅中。另外摆放 1 杯冷水，电炖锅插电，用保温方式来进行最后发酵。放冷水是为了维持面团湿度。另一方面，因电炖锅插电保温，冷水可以维持电炖锅温度不致过热而让酵母死掉。发酵到用手指压下，面团不回弹即可。

6 将电炖锅中步骤 5 放入的水取出，电炖锅不加任何水，直接按下煮饭开关。开关跳起后，闷 5 ~ 10 分钟，再次按下煮饭开关。前后共 5 次（次数需依面团大小增减），用筷子插进面包中没有粘黏就是烤熟了。

阿丑叮咛

 免揉面团，建议冷藏在冰箱中 12 小时后再使用，面团可以放在冰箱中至少 3 天不会坏掉。

 如果天气热，电炖锅就不要插电，电炖锅中的冷水改用温水，维持面团发酵温度。

 发酵到什么程度才是成功呢？发酵看的不是时间，而是面团长大的程度。如果压下去，面团会回弹，代表发酵尚未完成；如果压下去，面团凹洞不回弹，就表示发酵成功了。

 刚烤好的吐司要趁热脱模，太慢脱模的话，吐司底部会因为闷在容器中而变得潮湿。

 做好的吐司如果放到隔天才食用，会显得有些干硬，建议用水蒸方式回软，一样非常好吃哦！

OVEN RECIPES

小烤箱食谱

香橙棉花蛋糕

点心 ▶ 3 人份 ▶ 秋、冬

营养成分

橙：膳食纤维、B 族维生素、维生素 C、类胡萝卜素、钙、磷、钾

制作时间

30 分钟

所需材料

❶ 鸡蛋 4 个
❷ 砂糖 25g
❸ 低筋面粉 50g
❹ 米糠油 35g（可改用色拉油或无盐奶油）
❺ 橙汁 60g

1 低筋面粉过筛备用，如果筛网洞孔较大，建议过筛 2 次。

2 将米糠油倒入锅中，放在燃气炉上用小火加热，等到底部开始冒出泡泡时，请将火关掉，并迅速将低筋面粉倒入，搅拌均匀。记得戴手套扶住锅搅拌，避免烫伤。

3 请将 4 个鸡蛋打开（分成 1 个全蛋及 3 个蛋白和 3 个蛋黄），将 3 个蛋黄加入 1 个全蛋中。加入橙汁，轻轻搅匀。搅匀的液体倒入步骤 2 面糊中，搅拌至完全没有颗粒。

4 将 3 个蛋白打到稍微起泡后，加入砂糖，继续打到硬性发泡，也就是拿起打蛋器时，蛋白霜呈现坚挺、不下垂的状态。

5 取 1/4 的蛋白霜，加入面糊中，用打蛋器轻轻拌匀。拌匀的面糊倒入剩下的蛋白霜中，改用刮刀由下往上轻轻拌匀，再倒入模具中，放在烤盘上，拿起烤盘敲桌子数下，让面糊中的大气泡散出，蛋糕会更细腻。

6 送入小烤箱烘烤，因为小烤箱无法调整温度，请随时注意表面是否烤焦，如果上色了，请关掉上火，继续用下火烘烤，烤到筷子插下，取出不粘黏就是熟了。

阿丑叮咛

- 请注意，g 不等于 mL 喔！
- 橙汁可以替换成应季果汁，或是以奶类代替。
- 建议如果用小烤箱烤蛋糕，可选小一点的杯子当模具，这样不用烤太久，也不怕烟掉，或是表面加盖锡箔纸，也可防止烟掉。
- 若使用大烤箱，先用 180℃预热，如果表面上色了，可以将上火调低（约 120℃），烘烤时间请自行掌控。

黑豆浆鸡蛋糕

点心 ▶ 2 人份 ▶ 一年四季

训练重点
抓握、汤匙
叉子

营养成分

黑豆：蛋白质、氨基酸、油酸

制作时间

20 分钟

所需材料

❶ 低筋面粉 50g
❷ 无糖黑豆浆 65mL
❸ 鸡蛋 1 个
❹ 砂糖 10g

1 将蛋黄用汤匙取出，加入无糖黑豆浆后，轻轻拌匀。

2 低筋面粉过筛后加进去，轻轻拌匀。

3 蛋白用打蛋器稍微打至起泡后，加入砂糖，继续打发到硬性发泡，就是拿起打蛋器时，蛋白霜呈现坚挺、不下垂状态。

4 取 1/3 的蛋白霜加入蛋黄糊中，用打蛋器轻轻拌匀。

5 将步骤 4 的蛋黄糊倒入剩下的蛋白霜中，用刮刀由下往上轻轻拌匀。将面糊倒入模具中，放在烤盘上，接着拿起烤盘，轻敲桌面数下，将大气泡震出。

6 放入小烤箱中，上下火全开，烤约 10 分钟，筷子插入后不粘黏即熟了。

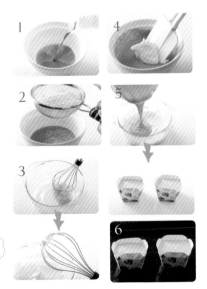

阿丑叮咛

🍎 常温鸡蛋较好打发，如果冰过，请回温后再使用。盛装鸡蛋的容器，不要接触到任何油脂或水分，避免影响打发。

🍎 无糖黑豆浆可改用母乳、配方奶、白豆浆，1 岁以上才可食用鲜奶。

🍎 若使用大烤箱，要先预热，大约用 180℃ 烘烤，时间自行掌控。

CHAPTER 4

蜂蜜马蹄饼
（1周岁以下不建议食用）

点心 ▶ 2 人份 ▶ 一年四季

训练重点

抓握

营养成分

蜂蜜：葡萄糖、果糖

制作时间

10 分钟

所需材料

❶ 低筋面粉 50g
❷ 米糠油（可改用无盐奶油或其他植物油）15g
❸ 蜂蜜 15g

1 低筋面粉先过筛。

2 步骤 1 中加入米糠油和蜂蜜，轻轻拌匀。

3 烤盘铺上烘焙纸，防止粘黏。

4 用手捏取一小块面团，搓成长条后，做成 U 字形。

5 放入小烤箱，上下火全开，烤约 7 分钟，表面上色即可。千万不要烤太焦。如果还没上色，用余温闷一下就会上色了。

阿丑叮咛

🐻 若使用无盐奶油，请先隔水加热至融化后再制作。

🐻 若使用大烤箱，建议用 150℃ 烘烤，时间自行掌控。

1
2
3
4
5

121

训练重点
抓握、叉子
筷子

双薯条

点心 ▶ 2 人份 ▶ 冬

营养成分

马铃薯：蛋白质、脂肪、钾、锌、钙、磷

制作时间

20 分钟（包含蒸马铃薯及红薯的时间）

所需材料

❶ 马铃薯 25g
❷ 红薯 25g
❸ 低筋面粉 10g

1 马铃薯和红薯去皮、洗净，蒸熟。

2 趁热用汤匙压碎，如果宝宝尚未长牙，建议全部压成泥状。

3 加入过筛的低筋面粉拌匀。

4 烤盘先铺上烘焙纸，防止粘黏。

5 步骤 3 装入塑料袋中，绑紧袋口，袋角剪一个小洞，挤出长条状。

6 放入小烤箱烘烤，上下火全开，烤 5 ~ 7 分钟。口感微软，尚未长牙的宝宝也可以含在口中化开。

阿丑叮咛

🍎 经过高温烹调的马铃薯会产生致癌的丙烯酰胺，建议先蒸后烤，缩短高温烘烤时间，可以吃得更加安心且健康哦！

🍎 每个人买到的红薯品种不太一样，一般而言，紫薯较干，红薯则较为湿润，面粉的多少可以再自行调整。

🍎 烤越久就越硬，可以根据个人喜好与宝宝的咀嚼能力做调整。

🍎 若使用大烤箱，建议用 120℃ 烘烤（不要过于高温，避免释出不好的物质）。

黑白双雄高钙饼

点心 ▶ 1 人份 ▶ 一年四季

营养成分

芝麻：B 族维生素、维生素 E、镁、钾、锌、钙

制作时间

15 分钟

所需材料

❶ 低筋面粉 25g

❷ 黑、白芝麻 5g（也可用芝麻粉）

❸ 米糠油 10mL（可改用无盐奶油或其他植物油）

❹ 砂糖 5g

训练重点

抓握

1 低筋面粉过筛后，加入米糠油，轻轻拌匀。

2 步骤 1 和其他材料混合在一起，用手混合，轻轻捏成团。

3 取一小部分面团，用手捏成团，再压扁（约 0.3cm 厚）。需要用点力气，面团才不会散。烤盘铺上烘焙纸，放上待烤的饼干。放入小烤箱，烤约 10 分钟。

4 饼干烤好放凉后会比较酥脆。

阿丑叮咛

 若使用大烤箱，建议用 150℃烘烤，时间自行掌控。

紫薯燕麦棒

点心 ▶ 1 人份 ▶ 春、夏

训练重点

抓握

营养成分

燕麦：亚麻油酸、蛋白质、B 族维生素、维生素 E、叶酸、铁

制作时间

20 分钟

所需材料

❶ 紫薯 1 个（可以改成红薯）
❷ 即食燕麦 5g
❸ 玉米粉 5g
❹ 清水 30mL

1 紫薯洗净、削皮，再蒸熟。

2 将 15g 蒸熟的紫薯加入即食燕麦、清水搅打成泥。

3 倒入玉米粉，搅拌均匀。

4 将步骤 3 用干净塑料袋装起来，绑紧袋口，在袋角剪一个小洞。

5 烤盘铺上烘焙纸，将紫薯燕麦糊挤在烤盘上。

6 放入小烤箱中，上下火全开，烤约 10 分钟即可。

阿丑叮咛

🍎 如果没有玉米粉，可以用面粉或太白粉来取代，或全部改为燕麦，口感略有不同而已。

🍎 若使用大烤箱，要先预热，大约用 170℃烘烤，时间自行掌控。

方块酥

点心 ▶ 2人份 ▶ 一年四季

营养成分

豆浆：蛋白质、B族维生素、大豆异黄酮、维生素E

制作时间

20分钟

所需材料

❶ 无糖豆浆 25mL
❷ 即食燕麦 40g
❸ 低筋面粉 20g
❹ 无盐黄油 10g（可换成植物油，但口感和香气可能会稍差一点。）
❺ 砂糖 10g

阿丑叮咛

🐻 各种品牌的燕麦可能吸水量不同，如果太湿就再加点燕麦或面粉，太干就再加点豆浆。

🐻 豆浆可用母乳、配方奶或鲜奶代替。

🐻 若使用大烤箱，要先预热，大约用180℃烘烤，时间自行掌控。

1 无盐黄油隔水加热至融化。

2 即食燕麦和低筋面粉放入干净的塑料袋中。

3 步骤2用擀面杖或奶瓶压碎、混合。

4 倒入砂糖、无盐黄油和无糖豆浆，将所有材料揉均匀。

5 将面团擀平，大约0.5cm厚，剪开塑料袋后，可用饼干模型压模，或用刀子裁出自己喜欢的图案。

6 烤盘铺上烘焙纸，放上待烤的饼干。放入小烤箱中，上下火全开，烤约10分钟即可。饼干冷却后就会变得非常酥脆好吃！

宝宝版蒜香蜜汁猪肉干

点心 ▶ 2 人份 ▶ 一年四季

营养成分

猪肉：蛋白质、钠、铜、锌、
B 族维生素

制作时间

20 分钟

所需材料

❶ 猪肉馅 100g（请老板先洗
过，再用绞肉机绞 2 次）
❷ 砂糖 10g
❸ 蜂蜜 3mL（1 岁以下请省略）
❹ 酱油 5mL
❺ 蒜 1 小瓣

1 蒜切细末，将所有材料
放入碗中拌匀。

2 用汤匙朝一个方向画圈
搅拌 5 ~ 10 分钟，一
方面使调味料混合均匀，
另一方面让肉更加黏腻
细致。

3 将拌好的肉泥放进干净的
塑料袋中，塑料袋先折出
烤盘大小的范围，用擀面
杖或奶瓶擀平肉泥，厚薄
度越平均越好，较薄的可
以减少烘烤的时间。

4 用剪刀剪开塑料袋，撕
开一面后，铺上一张烘
焙纸，再翻过来，放在
烤盘上，接着再撕下另
一边的塑料袋，这样一
点也不粘手。

阿丑叮咛

- 若使用大烤箱，要先
预热，大约用 150℃
烘烤，时间自行掌控。

- 厚薄度都可以自行调
整，越薄烤的时间越
短！

- 1 岁以下的宝宝，请
勿食用蜂蜜。

5 放入小烤箱中，上下火全
开，烤约 10 分钟后，把
烤盘转面（里面会比较容
易烤熟，所以要转面），
继续烤约 5 分钟，肉越
来越干且会缩小，以不烧
焦为原则。取出后，切块
（或剪开）即可食用。

鲜虾薯球

点心 ▶ 1 人份 ▶ 一年四季

营养成分

虾：蛋白质、维生素 A、B
族维生素、钙、铁、磷、锌

制作时间

20 分钟

所需材料

❶ 虾 25g
❷ 马铃薯 1 个
❸ 奶酪丝适量

1 马铃薯洗净、去皮、切块，蒸熟。

2 虾去壳、去肠泥后，蒸熟。

3 取 25g 马铃薯，与虾搅打成泥。

4 手用少许水沾湿。

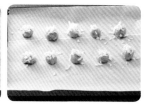

5 将鲜虾薯泥搓成球状。烤盘铺上烘焙纸，摆上待烤的鲜虾薯球。

6 再撒上奶酪丝。放入小烤箱中，烤 5 分钟左右，奶酪丝融化即可 (烤越久会越干)。

阿丑叮咛

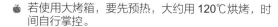

🍎 若使用大烤箱，要先预热，大约用 120℃ 烘烤，时间自行掌控。

训练重点

抓握

Ice Cream

杏仁瓦片

点心 ▶ 2 人份 ▶ 一年四季

营养成分

杏仁：蛋白质、不饱和脂肪酸、钙、磷、铁

制作时间

20 分钟

所需材料

❶ 鸡蛋 1 个
❷ 低筋面粉 10g
❸ 砂糖 10g
❹ 无盐黄油 10g
❺ 杏仁片 30g

1　低筋面粉过筛后，与砂糖拌匀。

2　鸡蛋打匀，黄油隔水加热至融化，与步骤 1 一起拌匀。

3　加入杏仁片，建议用汤匙或刮刀轻轻搅拌均匀，避免杏仁片破裂。

4　烤盘铺烘焙纸，用汤匙舀取适量面糊，以手指轻轻摊开杏仁片。不要让杏仁片重叠，烤起来才会均匀又酥脆。

5　放入小烤箱中，上下火全开，烤约 7 分钟，饼干上色即可关掉火力，用余温再闷 5 分钟。

6　刚烤好的杏仁瓦片是软软的，放凉后，会变得酥脆。如果没有立即吃完，可以放进密封罐保存，万一饼干回软了，再稍微烘烤一下即可。

阿丑叮咛

🍘 若使用大烤箱，要先预热，大约用 150℃烘烤，时间自行掌控。

133

菠菜芝麻饼

点心 ▶ 1 人份 ▶ 秋、冬

营养成分

菠菜：维生素 C、胡萝卜素、蛋白质、钙、铁

制作时间

50 分钟

所需材料

❶ 菠菜 10g
❷ 低筋面粉 50g
❸ 芝麻粉 5g
❹ 无盐黄油 5g
❺ 砂糖 5g
❻ 豆浆 15mL（或用清水、奶类代替）

阿丑叮咛

🍎 菠菜可以依据季节替换成应季的叶菜。

🍎 各面粉品牌吸水性不同，叶菜含水量也有差异，如果面团太湿润，请适量加一点点面粉；相反，太干的话，请慢慢地加入少许液体，以能够成功搓揉成面团为标准。

🍎 若使用大烤箱，要先预热，大约用 150℃ 烘烤，时间自行掌控。

1 将黄油隔水加热至融化，加入砂糖拌匀。

2 加入豆浆、过筛的低筋面粉。

3 再加入芝麻粉、碎菠菜，用手捏成团状，不要过度搓揉，避免揉出筋性。

4 将面团放进塑料袋中，静置 30 分钟松弛。

5 用剪刀剪开塑料袋，轻松地将塑料袋撕开。如果真的太黏无法撕开塑料袋的话，放进冰箱冷冻 15 分钟左右，饼干变得稍硬一点就会很好操作了。用小刀将面团切成适当大小的长条。

6 烤盘铺上烘焙纸，摆上待烤的饼干片，放入上下火全开的小烤箱中，烤 10 ~ 15 分钟。

训练重点

抓握、汤匙

莲子酥

点心 ▶ 1 人份 ▶ 夏

营养成分

莲子：维生素 B_2、蛋白质、
维生素 E、膳食纤维

制作时间

20 分钟

所需材料

❶ 低筋面粉 20g
❷ 熟红薯泥 20g
❸ 熟莲子泥 10g
❹ 米糠油 10mL（可改用其他
种类的油品）

1 低筋面粉先过筛。

2 所有材料混合在一起。

3 用手混合，轻轻捏成团。

4 取一小部分面团，用手
搓成喜欢的形状，再压
扁（约 0.3 cm 厚），需要
用点力气，面团才不会
散开。

阿丑叮咛

🍎 新鲜莲子存放于冷冻室中
保鲜，要使用时免浸泡、
免解冻，可以直接蒸熟。
如果买不到新鲜莲子，商
店有干燥莲子，使用前先
浸泡至少 2 小时，再入锅
蒸熟。

🍎 若使用大烤箱，要先预
热，150℃烘烤，时间自
行掌控。

5 烤盘铺上烘焙纸，放上
待烤的饼干。放入小烤
箱中，上下火全开，烤
约 10 分钟。饼干烤好放
凉后，会比较酥脆。

孔雀饼干

点心 ▶ 2 人份 ▶ 一年四季

营养成分

鸡蛋：蛋白质、钙、磷、铁

制作时间

20 分钟

所需材料

❶ 鸡蛋 1 个
❷ 砂糖 5g
❸ 低筋面粉 20g
❹ 玉米粉 10g

阿丑叮咛

- 若使用大烤箱，要先预热，大约用 150℃ 烘烤，时间自行掌控。
- 饼干放凉尽快收入密封盒中保存，避免回潮影响口感。如果饼干受潮，用烤箱稍微烘烤一下，即可恢复酥脆口感。

1 鸡蛋和砂糖倒入同一个锅中，用打蛋器打到变色（颜色由黄转白）。

2 过筛玉米粉与低筋面粉至蛋液中，用橡皮刮刀轻轻由下往上拌匀至无颗粒状即可。建议分 2 次加入，比较能够搅拌均匀。

3 步骤 2 面糊倒入塑料袋中，袋口绑紧。

4 烤盘铺上烘焙纸，面糊的袋角剪小洞，挤出适量面糊于烤盘上。

5 步骤 4 放入小烤箱中，上下火全开，烤约 10 分钟。

训练重点
抓握、汤匙
叉子

火龙果蛋挞

点心 ▶ 2 人份 ▶ 夏、秋

营养成分

火龙果：膳食纤维、维生素 B$_1$、维生素 B$_2$、钙

制作时间

20 分钟

所需材料

挞皮：
1. 中筋面粉 50g
2. 鲜奶 25mL
3. 无盐黄油 10g
4. 砂糖 10g

内馅：
1. 鸡蛋 1 个
2. 火龙果汁 120mL

1. 先制作挞皮部分，室温下软化的无盐黄油和砂糖用打蛋器打发（打到变成白色）。

2. 加入鲜奶和过筛的中筋面粉，拌至均匀。

3. 准备蛋挞模，将挞皮面团用手指一一整形。

4. 接着制作内馅部分，将火龙果汁和鸡蛋轻轻搅拌均匀。

5. 过筛火龙果蛋液。

6. 将内馅填装进挞皮中，再放入小烤箱，上下火全开，烤 15 ~ 20 分钟，直到内馅蛋液凝固即可。

阿丑叮咛

🍎 若使用大烤箱，要先预热，大约用 180℃烘烤，时间自行掌控。

141

RICE COOKER RECIPES

电饭锅食谱

芦笋肉卷

正餐 ▶ 2 人份 ▶ 春

训练重点
抓握、叉子
筷子

营养成分

芦笋: 钾、钙、铁、镁、磷、维生素 A、维生素 B_1、维生素 B_6、维生素 C

制作时间

20 分钟

所需材料

❶ 火锅肉片 2 片
❷ 芦笋 2 根

1 将芦笋削皮后,切成约 5 cm 长度。

2 将肉片铺平,放入芦笋条,卷起来。

3 将芦笋肉卷放入电饭锅内锅中,肉片收口朝下。

4 盖上电饭锅锅盖,按下煮饭开关。5 ~ 6 分钟后,用筷子将肉卷翻面,让肉卷两面均呈现焦香感,即可盛盘食用。

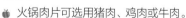

阿丑叮咛

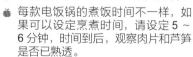

- 🍎 火锅肉片可选用猪肉、鸡肉或牛肉。
- 🍖 每款电饭锅的煮饭时间不一样,如果可以设定烹煮时间,请设定 5 ~ 6 分钟,时间到后,观察肉片和芦笋是否已熟透。

训练重点

抓握

牛蒡胡萝卜饼

点心 ▶ 2 人份 ▶ 冬

营养成分

牛蒡：蛋白质、菊糖、脂肪、糖类、膳食纤维、维生素 A、钙、磷、钾、铁、维生素 C、维生素 B_1

制作时间

20 分钟

所需材料

❶ 牛蒡 5g
❷ 胡萝卜 10g
❸ 米糠油 20mL
❹ 低筋面粉 40g
❺ 黑糖 10g

1. 胡萝卜和牛蒡去皮，切成末。

2. 将米糠油和黑糖混合均匀。

3. 低筋面粉过筛直接筛入步骤 2，再加入胡萝卜及牛蒡末，直接用手混合、捏成团。取一小部分面团，用手稍用力捏成团，再压扁（约 0.3cm 厚）。

4. 电饭锅的内锅底部直接铺烘焙纸，将牛蒡胡萝卜饼摆放在烘焙纸上。

5. 盖上锅盖，按下煮饭开关，约过 7 分钟开关跳起后，不要开盖也不用拔掉插头，等待约 5 分钟，让电饭锅自然降温。之后打开锅盖，将饼翻面，再次按下煮饭开关，开关跳起后闷 3 分钟，即可取出食用。

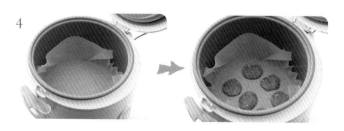

阿丑叮咛

🍎 每款电饭锅的煮饭时间不一样，请注意烹饪时间。第一次压下煮饭开关，大约 7 分钟即可停止（开关若没有跳起来，请自己停止），翻面后亦同。

训练重点
抓握、叉子
筷子

柠香蜂蜜鸡翅

正餐 ▶ 2 人份 ▶ 一年四季

营养成分

鸡肉：蛋白质、糖类、维生素A、钙、磷、铁、铜、B族维生素

制作时间

40 分钟

所需材料

❶ 鸡翅 2 个（全翅）
❷ 柠檬 1 个（取汁、半个柠檬的皮屑）
❸ 黑胡椒粉少许（可省略）
❹ 盐 1 小匙
❺ 蜂蜜 20mL

1 鸡翅用盐抹匀，并按摩一下。倒入少许黑胡椒粉，给宝宝吃不需要加太多，甚至可以省略不用。

2 加入 1 个柠檬的汁。

3 撒上半个柠檬的皮屑。

4 加入蜂蜜后，放入冰箱冷藏腌渍半小时。

5 将腌渍好的鸡翅放入电饭锅内锅中，并且倒入所有腌料，按下煮饭开关。开关跳起后，柠香蜂蜜鸡翅若能用筷子轻松刺穿就可以食用了。如果还没熟透，请再次按下煮饭开关烹煮。

阿丑叮咛

🍎 1 岁以下的宝宝，请勿食用蜂蜜。

🍎 柠檬皮尽量不要削到白色部分，容易有苦味。

宝宝狮子头

正餐 ▶ 2 人份 ▶ 秋、冬

营养成分

甘蓝：钙、磷、铁，以及维生素 A、维生素 B_2、维生素 C 与多种氨基酸

制作时间

25 分钟

所需材料

❶ 猪肉馅 100g
❷ 蘑菇 20g
❸ 甘蓝 70g
❹ 蒜半瓣
❺ 清水 25mL
❻ 酱油 2mL

1 将蘑菇、蒜与猪肉馅一起用搅拌棒或蔬果切碎器打成泥。

2 甘蓝撕小块，铺于电饭锅内锅底部。

3 将肉馅用手轻捏成团，不要过度用力，避免太硬。

4 把肉丸子摆放在甘蓝上面。

5 再加入清水与酱油，内锅放入电饭锅中，按下煮饭开关。

6 10 分钟左右，甘蓝软化、肉丸子熟透，即可盛盘食用。

阿丑叮咛

🍎 猪肉馅可选用梅花肉，油花分布较均匀，口感也比较湿润。

🍎 1 岁以下的宝宝，可以省略酱油。

西蓝花鲜虾烘蛋

正餐 ▶ 2 人份 ▶ 夏、秋、冬

营养成分

西蓝花: B 族维生素、维生素 K₁、维生素 A、维生素 C、维生素 U、维生素 E

制作时间

25 分钟

所需材料

❶ 鸡蛋 2 个
❷ 虾 6 只
❸ 西蓝花 1 小朵
❹ 盐少许

阿丑叮咛

🍎 每款电饭锅的煮饭时间不一样，如果可以设定烹煮时间，请设定 10 分钟左右，时间到后，观察蛋液和虾是否已熟透。

1 虾剥壳、去肠泥备用。

2 鸡蛋加入少许盐（约半匙即可），搅拌均匀。

3 西蓝花用削皮刀去除硬皮后，切成小小块。

4 电饭锅的内锅底部铺上 1 个用烘焙纸折的盒子，将蛋液倒入。

5 将虾、西蓝花铺放于蛋液上。

6 盖上锅盖，按下煮饭开关。开关跳起后，不要开盖也不用拔掉插头，等待约 5 分钟，再次按下煮饭开关。开关跳起后闷 3 分钟。如果蛋液和虾已熟透，即可取出食用；如果还没熟透，则再次按下煮饭开关烘烤。

訓练重点

抓握、汤匙

甜椒蛤蜊盅

正餐 ▶ 2 人份 ▶ 春、冬

营养成分

甜椒：钾、维生素 C、维生素 E

制作时间

20 分钟

所需材料

❶ 鸡蛋 1 个
❷ 蛤蜊 3 个
❸ 清水 100mL
❹ 甜椒 1 个

1 将甜椒蒂头切除。

2 鸡蛋和 100mL 清水搅拌均匀。

3 在甜椒中放入 3 个蛤蜊。

4 蛋液过筛，倒入甜椒中。

5 将甜椒蛤蜊盅放入电饭锅内锅中，内锅再加入 100mL 清水。盖上电饭锅锅盖，按下煮饭开关。

6 10 ~ 15 分钟后，确定鸡蛋蒸熟、蛤蜊打开，即可盛盘食用。

阿丑叮咛

🍎 每款电饭锅的煮饭时长不一样，如果可以设定烹煮时间，请设定 10 ~ 15 分钟，时间到后，观察鸡蛋与蛤蜊是否已蒸熟。

香瓜核桃燕麦糕

点心 ▶ 1 人份 ▶ 春、夏、秋

营养成分

香瓜：膳食纤维、类胡萝卜素、维生素 A、维生素 C、B 族维生素、钠、磷、钾

制作时间

20 分钟

所需材料

❶ 香瓜 50g
❷ 即食大燕麦片 20g
❸ 核桃 10g
❹ 清水 100mL

1 将香瓜去皮去籽后，切小块状，加入核桃，一起用搅拌棒打成泥。

2 再加入即食大燕麦片，用搅拌棒打成泥。

3 准备一个耐热的容器，底部铺上烘焙纸或抹上少许油。

4 将香瓜核桃燕麦糊食材倒入耐热的容器中。

5 将容器放入电饭锅内锅，内锅再加入 100mL 清水。盖上电饭锅锅盖，按下煮饭开关。

6 烹煮 10 ~ 15 分钟，如已熟透，取出凉凉后，即可脱模，盛盘食用。

阿丑叮咛

🍎 每款电饭锅的煮饭时长不一样，如果可以设定烹煮时间，请设定 10 ~ 15 分钟。

🍎 香瓜核桃燕麦糕凉了之后，比较容易脱模哟！

训练重点
汤匙、筷子
叉子

黑木耳韭菜宝宝饺

正餐 ▶ 2 人份 ▶ 一年四季

营养成分

韭菜: 胡萝卜素、维生素 C、
维生素 B_1、维生素 B_2

制作时间

30 分钟

所需材料

❶ 猪肉馅 50g
❷ 韭菜 5g
❸ 黑木耳 5g
❹ 水饺皮 5 张

1 将韭菜、黑木耳洗净后切碎。

2 将猪肉馅、韭菜、黑木耳混合后，用搅拌棒打成泥。

3 一片水饺皮平均切成 4 份，将黑木耳韭菜肉馅用小汤匙舀入水饺皮。

4 将圆弧部分的两个尖角压合后，再压紧另外两个边，变成三角形状的饺子。将做好的宝宝饺放在耐热容器中。

5 将容器铺上烘焙纸，再放入电饭锅内锅，内锅加入约 100mL 清水。盖上电饭锅锅盖，按下煮饭开关。

6 10 分钟左右，确定肉馅熟透后，即可取出食用。

阿丑叮咛

● 猪肉馅可选用梅花肉，油脂分布较均匀，口感也比较湿润。

● 买猪肉时，请老板先洗过肉品，再进行绞肉（阿丑请老板绞 2 次），比较卫生干净。

● 每款电饭锅的煮饭时长不一样，如果可以设定烹煮时间，请设定大约 10 分钟。

CHAPTER

05

这样做，孩子不生病

育儿经

▲▼▲▼▲▼▲▼▲▼▲▼▲▼▲▼▲▼▲▼▲▼▲▼▲

从衣、食、住、行、育、乐开始，对抗过敏源。衣得舒适、食得健康、住得清爽、行得愉快、育儿知识、乐在优游，掌握这六大原则，让孩子从此远离过敏病。

ITEM 01

远离过敏原，
让孩子不生病！

遗传、环境、生活习惯皆是造成过敏的主要原因

"为什么我的孩子会过敏？"这是每一对家有过敏儿的父母第一个想提出的问题，阿丑也不例外！当医生告诉阿丑，安安具有过敏体质时，当下真的难以接受。阿丑深自反省，难道是怀孕过程中不听老人言，偷偷喝了冰饮，造成了安安的过敏体质？还是吃了太多海鲜？抑或是阿丑家中当时饲养了 5 只兔子导致？种种的疑问和自我责备在脑中盘旋，挥之不去。

其实，造成过敏的原因尚有待研究确认，目前得知的可能因素归纳如下。

① 遗传因子

如果家族中有很明显的过敏症状，很可能下一代亦有相同的过敏疾病。以阿丑家族为例，上自妈妈、舅舅、阿姨，下至阿丑的哥哥、表弟、表妹，都有相同的鼻子过敏困扰。因此，安安患有鼻子过敏症状，医生一点儿也不觉得讶异。

② 环境因素

随着时代与科技进步，工厂林立、机动车排放大量废气、人口密度增加、二手烟以及霾害威胁等，导致现在的环境充斥着许多污染物，空气质量也大不如前，这些都是可能造成过敏的来源，甚至严重到危害人体健康。

③ 生活习惯

随着生活质量提升，现代人的生活习惯与以往的生活方式大相径庭。例如饮食变得更加多元化，却也相对吃下更多添加物；以前有庭院可以养宠物，如今大楼林立，只能在家中饲养；孩子活动空间比以往缩减许多，甚至鲜有外出运动；环境卫生与清洁工具的发展，生活空间变得更加清洁，却也降低了自体的免疫能力。这些生活习惯的改变，都可能成为下一代过敏的原因。

从食、衣、住、行、育、乐开始，对抗过敏原

如果您的家中跟阿丑一样拥有过敏儿，不要灰心，更不需要害怕，应该学会如何面对过敏，积极利用各种方法来帮助孩子对抗过敏，才能真正减低过敏频率发生。阿丑就食、衣、住、行、育、乐6个方面，与您分享心路历程。

起先，阿丑只有采取戴口罩、勤加清洁居家环境的基本抗敏做法，安安过敏症状仍旧不时发生，冬季更是几乎天天上演。后来，阿丑开始研究抗敏食材，从饮食中保养、调理，发现安安身体真的健康许多。但有一点一直让阿丑很纳闷，那就是安安在保姆家或其他地方不会过敏，一回家就立刻打喷嚏、流鼻水，这点实在让阿丑百思不得其解。后来，经由好友提醒湿度控制问题，才让阿丑恍然大悟。因为阿丑家住山边，湿气重，在勤加使用除湿机减低家中湿度后，果真安安过敏频率趋缓。

① 衣得舒适

为了避免接触性过敏，尽量挑选天然、透气的材质，例如纯棉衣物。即使冬天气候寒冷，容易皮肤过敏的宝宝仍旧要避免穿着过于厚重或容易造成闷热的衣物。购买新衣时，可以先闻闻看是否有刺鼻味道，而且一定要经过清洗，再给宝宝穿。

② 食得健康

食材的挑选以天然、健康为主，可以多加利用特定食物中原本所含的抗氧化、抗发炎成分，来加以抑制过敏症状，例如洋葱、山药、百香果等，是非常棒的抗过敏食材。此外，不仅饮食内容要慎选，制作过程更要单纯、简易，许多的添加物其实可以省略，例如泡打粉、色素等，让宝宝的饮食越趋近自然，越能避免过敏。

为了了解宝宝的食入性过敏原，阿丑按部就班，逐一累加食材种类，从低敏食物开始制作辅食，每一样食物至少尝试3～5天，没有过敏症状，才继续添加另一种食材。阿丑建议可以自行制作表格，详加记录每一餐宝宝的食材内容，一有特殊反应，就能立即拿出记录表阅读，找出可能的过敏食物来源。

③ 住得清爽

许多人都知道尘螨是造成过敏发作的一大原因，而每天睡觉的床铺更是尘螨的大本营。因此，勤加清洗床单、被套及枕头布是少不了的工作，最好一星期清洗一次，洗后在太阳底下曝晒，更可达到防螨效果。如果您决定购买防尘螨寝

具，建议尽量挑选透气、吸湿排汗的用品，避免闷热潮湿，反而滋生更多尘螨。

除此之外，家中的窗帘也要经常清洗，不要铺设地毯，选择皮制沙发取代布制沙发。若对动物的皮毛过敏，建议不要饲养宠物。家中若有亲友抽烟，为了预防过敏，尽量让孩子远离二手烟害。

最常被忽略的一点是湿度控制，家有过敏儿的居家环境，相对湿度最好能维持在 50% 左右，可以避免尘螨滋生，降低过敏概率发生。

❹ 行得愉快

每当外出时，阿丑一定会让安安戴上口罩，减少空气污染带来的伤害。若对花粉过敏，除了戴口罩外，尽量减少到林荫茂密、花香满园的场所活动。至于冬天外出，建议过敏儿要戴上帽子御寒，可以减低温差过大所造成的过敏状况。

❺ 育儿知识

过敏儿的健康不能只靠父母单方面努力，也要教导宝宝拥有正确的生活习惯和态度，让宝宝从小懂得如何照顾自己，双方面一起努力，可以大大减低过敏的频率。一开始安安不愿意配合戴口罩，清晨起床总是喷嚏不断、鼻水不停。在阿丑劝导下，加上安安自己也体会到过敏不好受，现在会主动拿口罩戴上，

不需要阿丑操心。此外，如果宝宝有常吃零食、经常熬夜等习惯，一定要逐步调整，恢复正常饮食与作息。从小灌输过敏儿如何维护自身健康的观念，比父母一再紧盯、单方面努力付出，来得更加长久有效。

❻ 乐在优游

很多父母或许会跟阿丑以前一样，认为过敏儿比较容易感冒，而且一旦生病，都会比一般孩子拖得更久才痊愈。因此，干脆不要让宝宝出门，以减少生病感染的概率。其实这样的观点不全然正确，过敏儿更需要外出活动，多多接触户外，以增强自体免疫力，一旦免疫功能提升，过敏概率自然降低。阿丑建议多带孩子到开放空间运动，晒太阳、活动筋骨，避免选择密闭场所，就能够减少生病感染的机会。

食、衣、住、行、育、乐是每个人皆会面临的生活需求，通过上述实际抗敏做法，可以渐渐改善过敏儿的症状，但并非一蹴而就。对抗过敏，是一条漫长的路，阿丑能够深深体会家有过敏儿父母的辛劳，生下过敏儿，不需要过度自我责备，转而用更积极的态度面对，搭配正确抗敏做法，才能成功帮助过敏儿大大减低过敏频率。

ITEM 02

好水烹调好食物，
正确喝水观念

吞咽、消化、运送养分，甚至排泄废物，都缺少不了水

人体 70% 由水分组成，显见水对于人类有密不可分的关系。无色、无味、零热量的水究竟有什么样的营养成分？水对人体有何益处呢？从营养学的观点来看，水是极佳的溶剂，溶解在水中的矿物质元素最易被人体吸收，若缺乏矿物质，吃下去的食物无法顺利转换成人体所必需的各种营养成分，可能因而造成营养失调或出现健康问题。就生理学观点而言，水能调节人体代谢平衡、维持体温恒定、协助输送养分、促进排泄功能。人体在进食后，水能够帮助吞咽、消化、运送养分，甚至排泄废物，各个环节均脱离不了水的作用与帮忙，因此，水的重要性可见一斑。

慎选好水，为健康把关

水既然对人体有如此大的帮助与作用，就要慎选好水。究竟什么样的水才是对人体有益的呢？由于自来水中会添加氯，以达到消毒的目的，而添加氯却会产生致癌的三卤甲烷，阿丑建议烹调或煮水时，要延长煮沸时间3～5分钟，并且保持良好通风，或打开抽油烟机帮助抽风，避免吸入三卤甲烷，影响人体健康。最保险的做法是增设净水设备，而滤水器的选择，请把握一项大原则，那就是必须保留水中的矿物质，太干净的纯水设备反而不利于人体健康，如前所述，溶于水中的矿物质最容易被人体吸收利用。因此，净水器在过滤水中杂质的同时，必须保留大部分的矿物质，让身体借着水分，维持最佳健康状态。

水不是喝越多越好！

　　虽然水分与人体密不可分，却不代表水喝得越多越好。究竟喝水量多少才健康？对 6 个月以下的宝宝而言，只要按时喝奶，水分即已足够，无须另外补充水分，如果喝太多水，可能造成水中毒现象。这是因为新生儿的肾脏发育尚未完全，一旦喝太多水，肾脏无法顺利将水排出，导致钙离子浓度过低，会发生水中毒现象，进而影响脑部活动。6 个月以上的宝宝开始食用辅食，喝奶次数减少，此时可以适时补充水分，大约每公斤体重可以额外补充 30mL 开水，分次少量给予为佳，适当观察宝宝尿量与颜色，也可作为是否该补充水分的标准。

勿以糖水或果汁代替白开水

　　1 岁以下的宝宝不爱喝水，其实不需太过勉强，有些父母担心宝宝不爱饮用无味道的白开水，便采用糖水或果汁加以喂食，其实这样的做法容易适得其反。吃惯甜食后，会导致宝宝厌食，更加排斥白开水，甚至影响乳牙的健康。最好的做法是，让宝宝习惯天然原味的食物，6 个月以上的宝宝，分次、适量地饮用白开水，不要添加任何甜度，让宝宝适应白开水的味道，自然而然，宝宝就能慢慢接受。懂得选择适当好水，搭配良好食材，采用适当的烹调方式，加上拥有正确的饮水观念，四者环环相扣，才能真正做出美味、营养，对人体健康有益的饮食。

ITEM 03

全面增强
孩子的抵抗力

提升孩子的抵抗力，对抗各种疾病

虽然说生病是提升自体免疫力的方法，感冒、发烧不见得是坏事，但是没有一对父母乐意见到自己的孩子时常生病、吃药、看医生。宝宝若能拥有良好的抵抗力，生病次数自然较少；反之，免疫力不足，很容易身旁的人一生病，就被感染。因此，如何增强宝宝的抵抗力，成为父母最渴望了解的育儿知识。阿丑就生理、心理与外在环境加以归纳，分享以下 6 点可以增强抵抗力的做法。

① 均衡饮食

所谓均衡的饮食是指由天然食材中摄取到的多元营养素，而非营养补充品。均衡饮食能维持身体机能的健康，食物中的蛋白质以及维生素 A、维生素 B_6、维生素 B_{12}、维生素 C、维生素 D、维生素 E，能够提升人体的免疫力，如果宝宝爱挑食，饮食常常不均衡，很容易导致营养不全，进而影响免疫系统。此外，高油、高盐、高糖的饮食习惯，会造成身体负担，导致免疫力降低。因此，均衡饮食是维持身体机能正常运作的基本守则。

② 规律运动

适度的运动量可以促进新陈代谢，并且提升免疫细胞的活力，有助于对抗病菌。每天至少给宝宝半小时的活动时间，散步、骑车、游泳，或是其他的运动，均有助于维持身体健康。

③ 充足睡眠

熬夜、失眠或不正常的睡眠习惯，会影响免疫细胞的活动与健康，尤其晚上 10 点至清晨 6 点，是身体修复的最佳时机，睡得深沉，身体自然能够进行自我修复，而且熟睡时能诱导出特殊的免疫蛋白，进而增强身体的免疫力。

④ 良好卫生

良好卫生习惯的培养必须从小养成，除了教会宝宝正确洗手、勤加清洁之外，还要避免用手碰触眼、口、鼻等器官，防止病菌入侵。容易过敏的宝宝不妨学

习戴上口罩，可以保护鼻子、气管吸入冷空气、尘螨或病菌，减少生病或感染的概率。此外，减少出入密闭式公共场所，也有助于减低宝宝生病的可能性。

⑤ 适量日晒

适度的阳光照射有助于身体产生维生素D、提升钙质吸收，并且有助于杀死多种病菌。维生素D有助于活化免疫系统，让身体产生充足的抵抗力，进而预防感冒。因此，避免中午高温时段接受日晒，以免强烈紫外线伤害皮肤及眼睛。建议于每日上午10点之前、下午4点以后，给予宝宝每次大约15分钟的适当日晒时间，将有助于增强抵抗力。

⑥ 愉快心情

良好的情绪有助于大脑分泌有益的化学物质，进而提升人体免疫力。良好的心情，多给宝宝赞美，让宝宝处于愉快的身心状态，可以活化免疫系统，自然而然就能抵抗病菌，身体健康。

针对前述的6项做法，阿丑以自身经验来谈，其实宝宝难免会挑食，安安、乐乐当然也不例外。做到均衡饮食，需要父母花点巧思，除了勤加变换食材外，花点小技巧摆盘，或是将挑食的食材藏于爱吃的食物中，让宝宝不自觉地吃下肚，抑或是变换成蔬菜饼干等手指食物，都能让宝宝开心吃完，达到均衡饮食的目的。

♥

阿 丑 妈 咪 的
育儿经验谈

　　安安、乐乐的活动量超大，每天固定上午及下午睡完觉后，我都会带他们到户外活动半小时以上，因为动得多，食欲自然好，而活动量足够，睡眠也会比较安稳。其实，活动、饮食、睡眠是一连串的关系，牵一发而动全身，动得多就会吃得下，而吃得饱自然也能睡得好。阿丑规定安安和乐乐每天晚上在 8 点半至 9 点之间上床睡觉，隔天 6 点半至 7 点即会自然醒来，充足的睡眠让宝宝身心舒畅，情绪也跟着变好，当然身体也随之健康。

　　由于安安是过敏儿，比一般宝宝容易生病。过敏是一种身体发炎的症状，当过敏发作时，身体的正常免疫力会降低，因此容易感冒，这也就是为什么过敏儿比一般孩童容易生病的原因。而过敏体质的孩童在感冒时，很可能会诱发过敏症状，感冒外加过敏，两者相乘之下，症状可能变得比一般孩童严重，因而延长痊愈的时间。因此，若能减少过敏发生机会，就能避免感冒的频率。秋冬天气变化大时，为了预防过敏，清晨一起床，阿丑必定会让安安戴上口罩，以免吸入冷空气，引发过敏症状。

　　当安安到了就读幼儿园的年龄时，阿丑替他选择通风较为良好的学校，并且有户外活动空间，每天老师都会固定带孩子们到户外运动。而阿丑更是提醒安安时常洗手，遇到感冒大流行时，自己学会在教室中戴上口罩，预防被传染。另外，均衡饮食、充足睡眠、适度运动、维持卫生习惯及做好保护措施。安安上幼儿园后，很明显地不若班上孩子一样时常生病，即使安安感冒了，也能够很快痊愈，让阿丑非常开心。因此，遵照前文的 6 点做法，一定可以有效提升孩子的免疫力，即使是过敏宝宝，也能够显著地改善。

ITEM 04

感冒中的饮食原则，
成功隔离的方法

家有病童的照料与成功隔离，保护家人免于生病

很多父母误信网络文章，认为宝宝感冒不需要看医生、服用药物，避免成为药罐子。阿丑非常不认同这样的说法，可能会让许多新手父母受害，延误孩子的病情。除非您是专业医生，能自行判断，否则一旦发现孩子异于平常，一定要马上就医确诊，避免延误造成更严重的伤害。此外，就医时应该详细描述孩子的身体状况，才能提供给医生最准确的临床判断标准，例如有喉咙痛状况、咳嗽频率、是否流鼻涕等，越详细描述，越有助于医生正确诊断。

孩子感冒时的三大饮食原则

01

**清淡饮食
为主**

感冒了，很容易引发肠胃消化不良、胃口不佳等状况，此时饮食内容务必清淡。避免食用容易胀气、难以消化的食物，例如地瓜、奶类等，能够暂停是最好的。试想，宝宝感冒，若再加上肠胃不适，是何等痛苦的事情。阿丑的家庭医师建议：感冒时以白饭、白粥、白馒头、白面条为主食最佳，禁止食用面包、吐司、蛋糕、饼干等食物。因为市售的面包、吐司、蛋糕和饼干添加太多奶油与添加物，非常不适合感冒期间食用，即使自己做，还是需要用到奶油、鲜奶等成分，比较不容易消化，为了宝宝肠胃健康，请务必提供宝宝清淡、好消化的食物。

02

**禁止一切
甜食**

生病了，胃口不好，很多父母反其道而行，提供宝宝甜食，认为："只要吃得下，什么食物都好。"这样的观念是错误的，不仅延缓痊愈，甚至会让病情更加严重，尤其如果有咳嗽、痰多的症状，甜食会引发更严重的后果。请记住：甜会生痰，天然食物

中的糖分都有可能引起痰多,何况是加了砂糖或其他糖类的甜食。为了加速痊愈,感冒期间务必忌口,可以提供生病的宝宝海苔等食物当作零食取代甜点。等到病好了,要吃什么都可以,千万不要在病中急着享用甜食,延长病程就得不偿失了!如果有喉咙痛症状,不要食用容易上火的食物,例如坚果类、烤饼干、烧烤或油炸食品。此外,阿丑的家庭医师建议,水果类以苹果、番石榴为佳,太甜的水果不适合在病中食用。

食疗帮助恢复

为什么需要就医确诊呢?因为同样是咳嗽、流鼻涕,有可能是感冒或者纯粹过敏状况,经专业医生判断后,才能更加确定宝宝的病因。如果是感冒,有喉咙痛、发烧症状,阿丑除了让孩子服药外,会搭配白萝卜水、牛蒡茶、冬瓜水等食疗方法,帮助退烧、消炎。若是过敏,阿丑较常煮红枣枸杞茶,帮助宝宝快快恢复健康。

成功隔离的方法

耐心沟通

宝宝生病,容易心情不稳定,此时还要将宝宝隔离,想必宝宝一定无法接受。阿丑建议,事先耐心跟宝宝谈论:"生病了,感觉身体有何不舒服吗?"借由自身的不舒服,接着讨论为何需要隔离。因为很有可能把病毒传染给其他家人,造成爸爸、妈妈或兄弟姊妹身体不适。一开始,安安也不想被隔离,感到孤单难受,甚至扬言要让乐乐也生病,让乐乐无法出去玩、没办法享用饼干。阿丑耐心地对他说:"你只有赶快好起来,我们才可以一起出去玩。万一你把病毒带给妹妹,让妹妹也生病了,就算你好起来,也会因为妹妹生病,爸妈需要照顾妹妹,而无法带你出去玩哦!"借由这样的"讲道理",让安安心甘情愿接受被隔离的要求。而对于年纪才2岁、似懂非懂的乐乐而言,一样要不断告诉她:"哥哥生病了,不可以进去哥哥的房间哦!等哥哥好了,再跟你玩。"两方同时教导,用心沟通,确保宝宝能遵守父母的约定。

独立起居

同处一个屋檐下，要做到完全隔离，其实有些困难。幸好阿丑家里有足够的房间，让安安能够自己拥有一个空间。原本安安每天和爸爸一起睡觉，为了保险起见，事先跟安安沟通，生病期间必须自己睡觉，连吃饭也无法全家一起享用。阿丑会将安安的饮食另外盛起，送到房间内让安安食用，也尽量在房内看书、玩拼图等。只有当乐乐不在家时，安安才可以自由在家中活动，但还是得戴上口罩，避免咳嗽，造成飞沫传播。

全身防护

阿丑和丑公分工合作，由丑公负责照料安安，他必须准备一件容易穿脱的外衣（拉链式外套）作为隔离衣，这个概念是由月子中心照料新生儿方式而来。想当初阿丑住的月子中心，每个宝宝都有一件隔离衣，医护人员要碰触宝宝时，都会换上宝宝专属的隔离衣，避免自身衣物直接接触宝宝。丑公接触安安时，先穿上隔离衣，戴上口罩，才能进到安安房中喂药。平时安安想要大人陪伴时，安安自己也需要戴上口罩，才能与爸爸互动。只要碰触安安后，走出安安的房门，丑公就必须脱下隔离衣和口罩，放到专属的地方，并且清洗双手，才可以接触乐乐。这样虽然麻烦，却是相当有效的方法，避免交叉感染。

加强清洁

安安碰触过的桌椅及场所，尽量清洁干净。当乐乐不在家时，安安可以到客厅用餐、活动，除了吃饭外，仍旧必须戴上口罩。然而乐乐一回来，马上就得进房间，阿丑亦会立刻用干净的抹布清洁安安使用过的桌面。如果要更讲究一点的话，当然可以使用酒精或抗菌液加以消毒，务必注意宝宝咳嗽、打喷嚏过的场所，尽可能擦拭干净，避免孩子误摸，导致被传染。

一定要做好防护措施，让全家人免于沦陷

宝宝生病，相信每个父母都舍不得，家中若还有小小宝，隔离一定是必要措施！父母即使不舍，却也必须小心防范自己被传染，只有保护好自己的健康，才能有充足的体力照顾全家大小。请把握上述原则，让宝宝遵照医嘱用药，并且吃得健康、充分休息、正确隔离，这样才能让全家大小免于沦陷。

孩子生病时的
看病与用药原则

孩子生病了，该挂哪一科？

您可知道，18 岁以下的孩童，都应该看小儿科才对！18 岁以前，都属于儿童成长阶段，身高、体重仍处于发育时期。因此，药物的剂量与病情判断，皆应由小儿科医师加以诊断，若看错科室，很可能会被误诊，药物也可能会使用过量。

阿丑建议每位父母都应找到一位适合且信任的家庭医生。为什么呢？除了邻近住家，能够获得最快速的医疗照顾外，最重要的是，家庭医生能够与病患建立良好的医病关系，并且深入了解患者的医疗过程与健康史。当彼此间建立充足的信任感，病人能更明确地陈述病症，医生亦能准确地对症下药。反之，一位不熟悉的医生，无法有足够的基础信息，只能就一般的疾病处理原则加以诊治，比较无法了解病患的需求，甚至错用药物与剂量。曾经安安的家庭医生休诊，只好前往不熟悉的诊所就医，想不到，单纯的过敏被当作感冒来医治，医生更开了 2 种抗生素让安安服用，结果产生腹泻的副作用，花钱事小，伤身事大。

除了找寻一位家庭医生外，父母对于药物的信息必须具备基本常识，多关心自己和孩子所服用的药物，才能保护自己和家人的健康。

孩子服药前父母一定要细读药单

某天一早喂药时，细读了药单，惊觉不对劲，带着安安去我们信任的诊所看病。果不其然，医生一看药单，惊呼："这是肺炎和发烧病人使用的抗生素，甚至药量开到 10 岁儿童的剂量！"安安才 4 岁，没发烧、没肺炎，居然吃 2 种抗生素，非常伤胃又伤身。

阿丑简单整理了新手父母就医时常见的问题，借由浅显易懂的文字，提供给大家参考，希望能够因此帮助到需要的父母。

什么是抗生素?

抗生素是指当人体受微生物感染时，用来杀除或抑制微生物生长的药物，这些微生物主要是指细菌而言。

消炎药＝抗生素吗？何时该使用抗生素？

俗称的消炎止痛药其实包括三类药物：抗生素、甾体抗炎药、非甾体抗炎药。这些药物可以用来治疗身体组织受伤后引起的疼痛及炎症反应，"甾体抗炎药"及"非甾体抗炎药"可以抑制炎症反应、缓解疼痛，具有解热作用，一般感冒时，医生较常使用"非甾体抗炎药"。而"抗生素"是用来抑制细菌生长或是杀菌的药品，对于治疗大部分的炎症现象都是无效的，只针对细菌感染所引起的炎症才有效。抗生素将感染部位的细菌杀死后，才会使炎症的症状减轻。一般的感冒通常是病毒所引起，而抗生素对于一般病毒感染所引发的感冒症状并无作用。通常儿童会使用到抗生素，可能是罹患细菌性感染症状，例如中耳炎、鼻窦炎、肺炎、泌尿道感染等，至于是否是细菌性感染，则要通过细菌培养以及专业的医生诊断才行。

滥用药物，不仅造成医疗资源的浪费，更有可能伤害身体，产生抗药性，导致最后药到病不除，未来生病时，即使仙丹妙药也无法救治。所以，正确用药极为重要，父母不得不谨慎啊！

Q 如何了解所服用的药品信息?

A 自己和家人吃下肚的药品,一定要有基本认识,如果对于药品有疑问,除了询问医生和药剂师外,还可以利用网络信息查询药品信息。

可以查到的各项药品信息包含西药、中药、怀孕及哺乳妇女用药等,相当的便利!只要照着医师所开的处方笺,输入药品名称并按下查询键,就可以看到药品信息,清楚了解药品的治疗项目、副作用、使用禁忌等信息,非常详尽。

Q 何时该带宝宝就医?

A 很多父母不喜欢宝宝沦为药罐子,担心一生病就吃药,无法自体产生抵抗力。阿丑以自身经验,奉劝各位父母千万不要大意。曾经安安在 4 个月时,感冒出现黄鼻涕,阿丑晚了 2 天就医,想让宝宝自行恢复,想不到一拖不可收拾,由单纯的流鼻涕,演变成咳嗽、吐奶、腹泻、细菌性支气管炎,最后连续吃药 14 天,才慢慢好转。

有了这一回经验,阿丑再也不敢大意。尤其 6 个月以下的宝宝,因为娇嫩柔弱,一有不正常的状况,例如腹泻、呕吐超过 1 次以上,发烧(耳温或肛温超过 38℃,腋温超过 37.2℃)等,一定要带往医院,由专业的医生诊断为佳。如果不具专业医疗背景,我们实在无法正确判断宝宝到底发生了什么事,千万别想靠单纯食疗来帮助宝宝恢复。请记住:先就医确诊,才能掌握宝宝的状况,避免衍生严重的并发症,否则下场很可能会让宝宝服用更多、更久的药物,才得以痊愈啊!很多人可能会接受一些西方观点,认为服用药物根本无助于感冒痊愈。然而,阿丑的家庭医生点醒阿丑:服药是让病者得到舒缓,例如喉咙痛时,吃药帮助减缓疼痛,让宝宝得以进食。有了药物辅助,身体疼痛得到适当的缓解,才能吃得下、睡得着,也才能有助于自体产生免疫力,对抗疾病。不是吗?

© 2021 辽宁科学技术出版社

著作权合同登记号：第06-2017-30号。

图书在版编目（CIP）数据

阿丑妈咪幼儿原味辅食全攻略 / 林美君著. —沈阳：
辽宁科学技术出版社，2021.6
ISBN 978-7-5591-1512-6

Ⅰ. ①阿…　Ⅱ. ①林…　Ⅲ. ①婴幼儿—食谱　Ⅳ.
①TS972.162

中国版本图书馆CIP数据核字（2020）第017008号

出版发行：辽宁科学技术出版社
　　　　　（地址：沈阳市和平区十一纬路25号　邮编：110003）
印 刷 者：辽宁新华印务有限公司
经 销 者：各地新华书店
幅面尺寸：170 mm × 230 mm
印　　张：11
字　　数：150千字
出版时间：2021年6月第1版
印刷时间：2021年6月第1次印刷
责任编辑：张丹婷　卢山秀
封面设计：顾　娜
版式设计：袁　舒
责任校对：徐　跃

书　　号：ISBN 978-7-5591-1512-6
定　　价：58.00元

联系电话：024-23280272
联系QQ：1780820750